相続相談ができる農協職員になるための7つのステップ

有限責任監査法人トーマツ JA支援室／デロイト トーマツ税理士法人 共著

はじめに

　日本は総人口1億2,690万人のうち、3,355万人（26.4％）が65歳以上という超高齢化社会を迎えています（平成27年5月1日現在　総務省統計局）。特に農家の高齢化は著しく、現在、日本の農業就業人口の平均年齢は66.7歳に達しており（平成26年2月1日現在　農林水産省統計部）、ほとんどの農協で組合員の平均年齢は60歳を超えています。

　そのような状況の中、相続税および贈与税の税制改正（平成27年1月1日施行）を受け、組合員の相続対策への関心が高まっています。今回の改正によって、基礎控除額が減額されるとどのような影響があるのか、自身が課税対象者になるのか、相続税がどのくらい発生しそうなのか、有効な節税対策はないかなど、相続に対して自身の問題として関心を持つようになっています。

　しかし、現在の農協による相続相談対応は、外部専門家を招いた相続セミナーや個別相談会の実施が中心であり、その内容は外部の税理士等に丸投げしてしまっているというケースも少なくありません。また、支店長を中心に組合員からの相続相談対応に時間を使っていますが、その内容は、相続発生後の名義変更を中心にした事務手続き（書類の書き方）が中心であり、組合員の遺産分割等、真の意味での相続対策に対しては、ほとんど支援することができていません。結果として、相続発生時に農協から貯金が他の金融機関へと流出しており、農協の資金量に重大な影響を与え始めています。実際に、ある農協では相続時の貯金流出率が80％を上回っており、キャンペーンによる優遇金利等によって、金利選択嗜好の強い准組合員から定期性貯金を獲得する一方で、相続によって組合への帰属意識の高い高齢組合員による高額貯金が、他の金融機関に流出するという

ことが起きています。

　資金量は、農協の財務基盤を支え、地域農業や農家に対する各種取組みの原資になるものです。この資金量に重大な影響を与える相続による高齢組合員の貯金の流出は、農協の財務基盤を揺るがしかねません。高齢組合員の貯金が、相続によって外部に流出しないようにするためには、組合員の潜在的な相続対策の必要性を的確に捉え、受身の相談対応ではなく、農協職員から積極的に必要な相続対策を提案できるようにすることが不可欠です。

　しかし、農協で実施しているほとんどの研修は、税制改正の学習や手続き（書類の書き方、端末の操作方法）の習得に時間がかけられており、農協職員が、組合員の生前からの相続相談に対する意識を高めることに十分な時間をかけていません。

　そこで、当法人JA支援室がこれまで実施してきた「農協職員のための相続相談対応力強化研修」の内容を一冊の本にまとめました。本書の構成は、まず第1章から第6章で、組合員にとって影響の大きい相続論点を個別に解説しています。相続論点の抽出においては、相続の現場で組合員が疑問に感じる点、お悩みになる点について、農協職員に対するヒアリングを実施し、実際の現場でよくある質問・疑問を中心に解説しています。そのあと第7章で、組合員の相続に対して、農協職員に求められる役割を整理しました。農協職員が組合員から何を、どこまで期待されているのかを明確にしています。

　本書が、支店長や実際に組合員からの相続相談対応に日々奔走している農協職員の方々の相続相談対応力強化の一助となれば幸いです。

目　次

はじめに

ステップ1　相続の初めの一歩を踏み出そう
～相続税額の概算計算～ ……9

1　組合員の相続税額を計算する………………………………11
　（コラム）生前に贈与した財産が相続税の課税対象になる？……15
2　財産の種類と評価方法………………………………………16
　（コラム）生命共済の受取人が異なると課税関係が異なる？……17
3　相続財産から控除する債務と葬式費用………………………18
4　基礎控除額と法定相続人の範囲………………………………20
　（コラム）法定相続人の範囲を考える…………………………21
5　法定相続分を計算する………………………………………22
　（コラム）相続税の一世代飛ばしに対する２割加算……………24
　（コラム）相続税が安くなる６つの税額控除……………………25
　（コラム）税制改正によって組合員にどんな影響があるのか？……26

ステップ2　相続対策の最重要論点を抑えよう
～遺産分割方法～ ……31

1　被相続人の意思を遺言書で明確にする………………………33
2　３つの遺言方法………………………………………………35
　（コラム）付言事項に遺族への想いを書く……………………37
3　二次相続を意識した財産の分け方……………………………38
　（計算例①）一次相続で妻が財産のすべてを相続する場合………40
　（計算例②）一次相続で法定相続分どおり相続する場合…………42

4　遺留分制度 ………………………………………………… 45
　　　（コラム）遺留分を生前に放棄してもらう ……………… 47
　5　納税資金の充分性 ………………………………………… 48
　　　（コラム）相続税の取得費加算の特例を使う …………… 49
　　　（コラム）不動産の相続登記はお早めに ………………… 50

ステップ3　これができたら上級者
～節税対策のアドバイス～　……51

　1　節税対策の3本柱 ………………………………………… 54
　2　生前贈与による節税 ……………………………………… 56
　　　（コラム）相続時精算課税贈与には節税効果があるのか？ ……… 58
　　　（コラム）名義貯金は誰のもの？ ………………………… 59
　　　（コラム）連年贈与に注意 ………………………………… 60
　　　（コラム）孫への贈与で節税対策 ………………………… 61
　3　生前贈与を行いやすくする贈与の特例 ………………… 62
　　　（コラム）良質な住宅用家屋とは？ ……………………… 65
　4　財産の組みかえによる節税 ……………………………… 66
　5　養子縁組による節税 ……………………………………… 68
　　　（コラム）相続税の申告漏れがあったらどうなるのか？ ……… 69

ステップ4　ここが難関
～土地評価の基本を理解する～　……71

　1　宅地の評価は「路線価方式」と「倍率方式」…………… 74
　2　路線価方式で宅地を評価する …………………………… 75
　3　倍率方式で宅地を評価する ……………………………… 78
　　　（コラム）土地の評価は「1物4価」 ……………………… 80
　4　農地の評価は「倍率方式」と「宅地比準方式」………… 81
　5　宅地比準方式で農地を評価する ………………………… 84

6　生産緑地を評価する ……………………………………………85
　　　　（コラム）賃借権を設定している農地は誰の財産？ ……………86
　　7　小規模宅地等の減額特例を利用する（特定居住用宅地等）……88
　　8　小規模宅地等の減額特例を利用する（特定事業用宅地等）……90
　　　　（コラム）貸付用宅地に小規模宅地等の減額特例を使う ………92
　　9　貸家にすることで財産の評価額を減額する ……………………93

ステップ5　農協職員だから必要な知識
〜農業継続に有用な農地等の納税猶予の特例〜　……95

　　1　農地等の納税猶予の特例を利用する ………………………………98
　　　　（コラム）農地等の評価（農業投資価格）はこんなに低い……101
　　2　生前に贈与税の納税猶予の特例を利用する ……………………102
　　3　相続税の納税猶予の特例を利用する ……………………………104
　　　　（コラム）相続税の納税猶予の特例は、自給的農家でも適用
　　　　　　　　　できます……………………………………………106
　　　　（コラム）農地等の貸付けにより納税猶予を継続する …………107

ステップ6　組合員の不安に寄り添う
〜相続発生後のスケジュールと手続き〜　……109

　　1　相続発生後のスケジュールと手続きを把握しておきましょう…112
　　2　相続発生後の手続きを把握する …………………………………114
　　　　（コラム）遺産分割協議はお早めに ………………………………118
　　3　相続放棄と限定承認 …………………………………………………119
　　4　遺産分割協議書を作成する ………………………………………121
　　5　遺言書の内容と異なる遺産分割をする …………………………123
　　　　（コラム）遺言書で贈られた遺産（遺贈）を受け取らない？ ……124
　　　　（コラム）遺言書の保管場所はどこか？ …………………………125
　　6　相続税を申告・納税する …………………………………………126

7　延納制度を利用する……………………………………127
　8　物納制度を利用する……………………………………129
　　（コラム）物納が認められない相続財産………………130

ステップ7　農協職員だから知っておくこと
～農協職員に求められる役割～　……133

　1　高まる相続相談の重要性………………………………136
　2　農協による相続相談の実態……………………………138
　3　農協職員の強みが発揮されていない…………………140
　4　農協職員に期待される役割……………………………141
　5　「相続相談コーディネーター」として組合員の不安を解消する・143
　　（コラム）相続に関する専門家をコーディネートする………145
　6　農協職員に求められる「ニーズ発見力」……………147
　　（コラム）農協が死守すべき貯金残高…………………149
　　（コラム）相続によって耕作放棄地が増加する？……151
　7　適切な相続相談対応の効果……………………………152

あとがき

ステップ **1**

相続の初めの一歩を踏み出そう〜相続税額の概算計算〜

農協の渉外担当者である村田さんは、いつものように、集金のために担当する組合員である鈴木さんのお宅を訪問しました。そこで、集金手続きを進めながら、最近何か変わったことはないかと会話をしていると、鈴木さんが、最近読んだという相続税に関する税制改正の話題を持ちかけてきました。

鈴木さん：「相続税に関する制度が、何か変わったようだね。基礎控除額が、削減されるとかいう記事を新聞で読んだよ。これによって、今後は相続税の課税対象者が、増えることになるみたいだね。」
村田さん：「そうですね。最近は、組合員様のお宅に訪問すると、相続に関する相談を持ちかけられることも増えました。私ももっと勉強しないといけません。」
鈴木さん：「実際に、私が死んだらどれくらいの相続税がかかるのだろうか？」
村田さん：「えっ、、、そんな死んだらなんて、突然、そんな話をされるとびっくりしてしまいますよ。」
鈴木さん：「突然でもないよ。もう私もそういうことを考えないといけない年齢になったんだよね。死ぬまでに今からできる相続対策があるのなら、検討しないといけないかな、と最近考えているんだよね。」

　村田さんは考えます。鈴木さんは、財産をたくさんお持ちのようだが、実際にどの程度の相続税がかかるのだろうか？それに、相続対策としての生前贈与など話に聞くことはあるが、実際に、鈴木さんにとって有効な相続対策にはどのようなものがあるのだろうか？

> **ポイント**
> 　農協の渉外担当者として、組合員の相続に関する課題を把握できるように、相続税額の試算方法を理解しておくことが必要です。

組合員の相続税額を計算する

まずは、相続税額を試算するための3つのステップを理解しましょう。

 課税価格を計算します

　相続税は、相続によって取得したプラスの相続財産からマイナスの相続財産を控除した正味の相続財産（課税価格）に、一定の税率を乗じることによって計算されます。そこで、相続税額を試算する最初のステップとして、課税対象となるプラスの相続財産と、そこから控除するマイナスの相続財産の金額を計算します。

課税価格の計算

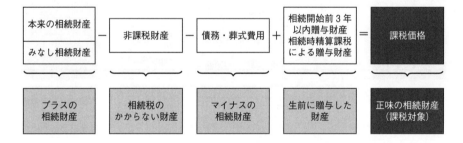

相続税の総額を計算します

　相続税は、相続によって取得した財産の課税価格の全額にかかるわけではなく、相続によって取得した財産の課税価格から、基礎控除額を控除した残りの相続財産（課税遺産総額）に対してかかります。ここで、一旦、実際の遺産分割をどうするかに関係なく、法定相続人が、法定相続分にしたがって相続したものとみなして、各人の相続税の基礎となる税額を計算し、これを合算することで相続税の総額を計算します。

相続税額の総額の計算方法

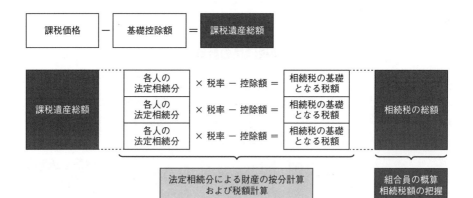

相続人ごとの納付税額を計算します

　最後に、相続税の総額を、各相続人が取得した遺産の課税価格割合（＝各相続人の取得した遺産の課税価格÷課税価格の合計額）に応じて按分し、配偶者の相続税の軽減など、税額控除が該当する場合には、これを控除して各相続人の納付税額を計算します。なお、相続財産を取得した人が、配偶者および一親等の血族以外の人である場合には、相続税額が2割増しになります。

納付税額の計算方法

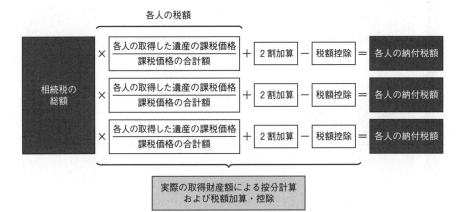

相続税計算の全体像

①課税価格の計算

②相続税の総額の計算

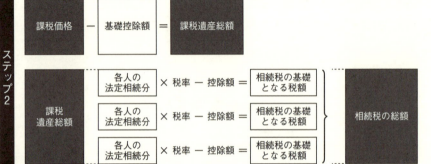

③相続人ごとの納付税額の計算

コラム　生前に贈与した財産が相続税の課税対象になる？

　生前に贈与した財産も相続税の課税対象となることがあるので注意が必要です。

■相続開始前3年以内の贈与財産

　相続で財産を取得した人が、相続開始前3年以内に被相続人から財産の贈与を受けている場合には、その贈与財産は相続財産に加算されます。この場合、相続財産に加算する贈与財産の評価額は、贈与時の財産の時価となります。

■相続時精算課税による贈与財産

　被相続人から生前に相続時精算課税（詳細はp.56）により財産の贈与を受けた場合には、その贈与財産は相続財産に加算されます。この場合、相続財産に加算する贈与財産の評価額は、相続時精算課税による贈与時の財産の時価となります。

財産の種類と評価方法

　相続によって取得する財産には、「本来の相続財産」「みなし相続財産」「非課税財産」の3種類があります。

■本来の相続財産
　現金・預貯金、土地、建物、株式、機械など財産価値のあるものは、国税庁によって発表されている財産評価基本通達に基づいて評価します。

【財産評価基本通達に基づく評価方法】
① 現金・預貯金：残高で評価
② 土地：主に路線価または固定資産税評価額で評価
③ 建物：主に固定資産税評価額で評価
④ 株式：株価で評価
⑤ 機械：時価で評価

■みなし相続財産
　死亡共済金・死亡保険金、死亡退職金など被相続人の死亡を原因として相続人が取得した財産は、被相続人の財産（遺産）ではありませんが、被相続人の死亡を原因として財産を取得することは、相続によって財産を取得することとなんら変わらないため、相続税額の計算上はみなし相続財産として課税価格の計算に含まれます。

■非課税財産
　相続財産の中には、財産の性質、社会政策的な見地、国民感情などから課税することが適当でないものもあります。具体的には、墓地や墓石、仏壇、仏具、その他神を祭る道具などで日常礼拝に使っているものは、非課税財産に該当します。ただし、骨董的価値があるなど、投資の対象となる仏具などについては相続税がかかります。

コラム　生命共済の受取人が異なると課税関係が異なる？

　生命共済金・生命保険金は、契約形態に応じて取り扱いが異なるため注意が必要です。契約者、被保険者、掛金負担者が誰かによって、相続税、所得税、贈与税のいずれが課税されるのかが異なりますので、現在の生命共済等について、どのような契約内容になっているのか、確認しておきましょう。

生命共済の契約形態に応じた課税関係

契約者	被保険者	掛金負担者	共済金受取人	課税関係	相続税の非課税枠
本人	本人	本人	長男	長男に相続税が課税	あり
本人	本人	本人（1/2）妻（1/2）	長男	本人負担分について長男に相続税が課税　妻負担分について長男に贈与税が課税	あり（本人負担分）
妻	本人	妻	妻	妻に所得税が課税（一時所得）	－
妻	本人	妻	次男	次男に贈与税が課税（妻から次男への贈与）	－

3 相続財産から控除する債務と葬式費用

　相続税は、取得するプラスの相続財産からマイナスの相続財産（①銀行借入等の債務②葬式費用）を控除した正味の財産（課税価格）に課税されるため、マイナスの相続財産を正しく把握することで、結果として相続税額を抑えることになります。正味の財産（課税価格）を計算する際に、債務と葬式費用の性質によって、プラスの相続財産から控除できるものとできないものがあるため注意が必要です。

1.プラスの相続財産から控除できる債務

　　相続する債務のうち被相続人の死亡時に確定していた債務は、プラスの相続財産から控除することができます。

① **銀行借入金**

　　被相続人が生前に銀行などから借入をしており、被相続人が完済前に亡くなった場合には、相続人がその借入を引き継ぐことになります。

② **未払医療費**

　　被相続人が亡くなる直前まで病院で治療・入院しており、その医療費が未払になっている場合には、相続人がその未払を引き継ぐことになります。

③ **未払の税金**

　　固定資産税、所得税、住民税など被相続人に未払の税金がある場合には、被相続人に代わって相続人が支払うことになります。

2.プラスの相続財産から控除できる葬式費用

　葬式費用は、被相続人が生前に持っていた債務ではありませんが、葬式費用は、被相続人のマイナスの相続財産に含めることができます。ただし、プラスの相続財産から控除できる葬式費用とプラスの相続財産から控除できない葬式費用があるため、注意が必要です。

　葬式費用のうち、本葬式費用、仮葬式費用、通夜費用、お布施、および遺体運搬費用など通常の葬式に発生する費用は、相続財産から控除することができます。一方で、香典返礼費用、墓地購入費用など非課税財産にかかる費用、および初七日法会費用、死者の追善供養費用、遺体解剖費用などについては、相続財産から控除することはできません。

基礎控除額と法定相続人の範囲

　相続税の総額を計算する際に、遺族の生活資金のため法定相続人の人数に応じて相続財産の一定の金額までは、税額が発生しないように基礎控除が設けられています。控除とは、簡単にいえば、この部分は相続税を計算する際に除外してもよい、と定められている金額のことです。そのため課税価格が基礎控除額以下の場合には、相続税は発生しません。

　平成27年1月1日以降に相続または遺贈により取得する財産にかかる相続税については、定額控除額3,000万円と法定相続人比例控除額として法定相続人1人あたり600万円の基礎控除が設けられています。つまり、法定相続人が4人の場合には、定額控除額3,000万円と法定相続人比例控除額2,400万円（＝法定相続人1人あたり比例控除額600万円×法定相続人4人）の合計5,400万円が基礎控除として認められ、課税価格がこれを下回る場合には、相続税は発生しません。

　前述のとおり基礎控除額は、法定相続人の人数によって金額が異なるため、基礎控除額を計算するためには、法定相続人の範囲を理解しておかなければなりません。法定相続人とは、民法において相続人と認められた者であり、法定相続人の範囲の基本形は「配偶者＋血族相続人」です。配偶者は常に法定相続人となりますが、血族相続人は法定相続人となる順位が定められていますので、注意が必要です。まずは、子がいれば、子が血族相続人としての第1順位です。子がいない場合には、第2順位として父母が血族相続人となります。父母もいない場合には、第3順位として兄弟姉妹が血族相続人となります。仮に、配偶者および第3順位までの法定相続人がいない場合には、相続財産は国庫の財産となります。なお、相続税では基礎控除額の算定において相続放棄者も法定相続人に含めて計算することができるため、注意が必要です。

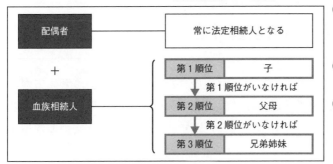

コラム 法定相続人の範囲を考える

　実際に法定相続人の範囲を考えるうえでは、様々な親族状況が想定されますので、組合員の状況に応じて、法定相続人の範囲を特定できるように理解を深めておきましょう。

■法定相続人が死亡している場合（代襲相続）

　法定相続人となるべき人が死亡などによって法定相続人でなくなった場合に、その法定相続人の子や孫が法定相続人（代襲者）になるという考え方です。この際、子の代襲は無制限ですが、兄弟姉妹の代襲は甥姪までですので注意してください。

■先妻の子、非嫡出子がいる場合

　相続人の先妻の子や非嫡出子（法律上婚姻関係に無い男女間に生まれた子）も法定相続人になります。ただし、父子関係において認知されていない子は法定相続人に含まれません。

■胎児がいる場合

　胎児については、産まれた後に胎児であった時に相続権を取得していたとみなして、法定相続人になります。ただし、死産の場合には法定相続人とはなりません。

5 法定相続分を計算する

　財産の分け方には、民法において定められた法定分割という考え方があります。これは、民法で「財産はこのように分けることが妥当です」と決めたものであり、この法定分割で分けた法定相続人ごとの相続財産を法定相続分と言います。

　法定相続分は、法定相続人の状況により異なるため、法定相続人と法定相続分との関係を正しく理解することが必要です。

　法定相続人が配偶者と子の場合には、配偶者の法定相続分が1/2、子の法定相続分が1/2となります。子がおらず配偶者と父母が法定相続人となる場合には、配偶者の法定相続分が2/3、父母の法定相続分が1/3というように配偶者の法定相続分が多くなります。子および父母もおらず配偶者と兄弟姉妹が法定相続人になる場合には、配偶者の法定相続分が3/4、兄弟姉妹の法定相続分が1/4と配偶者の法定相続分がより多くなります。

　配偶者以外の法定相続分は法定相続人の人数に応じて按分します。つまり、仮に配偶者と2人の子が法定相続人である場合には、子1人あたりの法定相続分は1/2×1/2＝1/4となります。この際、平成25年9月5日以降に相続税額が確定する場合には、非嫡出子の法定相続分は嫡出子の法定相続分と同等です。しかし、父母の一方のみを同じくする（半血）兄弟姉妹の法定相続分は、父母の双方を同じくする（全血）兄弟姉妹の法定相続分の1/2になります。

税率表

法定相続分に応ずる各人の取得金額			税率	控除額
1,000万円以下			10%	—
1,000万円超	～	3,000万円以下	15%	50万円
3,000万円超	～	5,000万円以下	20%	200万円
5,000万円超	～	1億円以下	30%	700万円
1億円超	～	2億円以下	40%	1,700万円
2億円超	～	3億円以下	45%	2,700万円
3億円超	～	6億円以下	50%	4,200万円
6億円超	～		55%	7,200万円

法定相続分

法定相続分
- ▶ 法定相続分とは、民法で定められた各法定相続人に対する相続財産の分配の割合をいいます。
- ▶ 相続税の総額は、各法定相続分による財産の按分金額に応じた超過累進税率を乗じて求めます。
- ▶ 実際の相続財産の分配割合は、法定相続分に従う必要はありません。

法定相続人	法定相続分	
	配偶者	配偶者以外
配偶者と子	1／2	1／2
配偶者と父母 (子がいない場合)	2／3	1／3
配偶者と兄弟姉妹 (子および父母がいない場合)	3／4	1／4
配偶者のみ	全部	—
子のみ	—	全部
父母のみ	—	全部
兄弟姉妹のみ	—	全部

(注1) 配偶者以外の法定相続分は人数に応じて按分します。
　　　(例：配偶者と子の2人が法定相続人の場合の子1人当たりの法定相続分は 1／2×1／2＝1／4 となります。)
(注2) 非嫡出子の法定相続分は、嫡出子の法定相続分と同等です。(平成25年9月5日以後に相続税額が確定する場合)
(注3) 父母の一方のみを同じくする(半血)兄弟姉妹の法定相続分は、父母の双方を同じくする(全血)兄弟姉妹の法定相続分の1/2です。

コラム　相続税の一世代飛ばしに対する2割加算

相続財産を取得した人が、その被相続人の配偶者および一親等の血族以外の人である場合には、相続税額の2割に相当する金額が加算されます。これによって、孫に相続させて相続税を1回免れることを防止するとともに、相続人以外の人が財産を取得することについての負担調整を図っています。

相続税が2割加算される主な相続人は以下の人たちです。

① 兄弟姉妹
② 祖父母
③ 遺言等で血のつながりなく財産をもらう人
④ 遺言等で財産をもらう孫
⑤ 被相続人の養子になっている孫

この際、代襲相続人である孫は、2割加算の対象とはなりませんが、被相続人の養子となっている孫は、2割加算の対象となることに注意が必要です。

2割加算と孫養子

■＝2割加算対象

※1 代襲相続人である孫は2割加算の対象となりません。
※2 被相続人の養子は、一親等の法定血族であるため、2割加算の対象となりません。
ただし、被相続人の養子となっている孫は、2割加算の対象となります。

コラム 相続税が安くなる6つの税額控除

相続人の状況に応じて、6つの税額控除の適用が可能であり、納税額から控除することができます。

① 相続開始前3年以内贈与

相続開始前3年以内の贈与財産は、課税財産となるため、二重課税を防ぐために贈与時に支払った贈与税を控除できます。

② 配偶者の相続税額の軽減

婚姻関係にある配偶者は、法定相続分相当額または、1億6,000万円のいずれか多い金額まで相続税がかかりません。

③ 未成年者控除

20歳未満の未成年者は、20歳までの1年につき10万円が控除されます。

④ 障害者控除

障害者は85歳までの1年につき一定額が控除されます。

⑤ 相次相続控除

10年以内に複数回の相続があった場合は、2回目以降の相続より一定額が免除されます。

⑥外国税額控除

日本と外国、両方で相続税が課された場合には、二重課税を防ぐために、日本の相続税から、外国の相続税を控除することができます。

コラム 税制改正によって組合員にどんな影響があるのか？

　平成27年1月1日より、相続税に関する基礎控除額が減額されるというニュースは、急激に高齢化が進む農協組合員の関心を集めています。この基礎控除額の減額は、相続税の課税対象者の増加につながり、多くの組合員に影響を与えることが予想されます。具体的には、平成26年までは定額控除5,000万円、法定相続人比例控除が法定相続人1人につき1,000万円と定められていたものが、平成25年度税制改正によって平成27年1月1日以後に相続または遺贈により取得する財産に関する相続税については、定額控除が3,000万円、法定相続人比例控除が法定相続人1人につき600万円に減額されました。たとえば、相続人が妻と子供2人であり、それぞれが法定相続分を取得した場合には、相続財産が8,000万円の場合には、平成26年までは相続税額がかからなかったのに対して、平成27年1月1日以降は、それぞれの子に87.5万円の相続税額が発生することになります。

基礎控除額の縮小

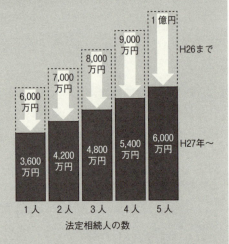

■適用時期：平成27年1月1日以後に相続または遺贈により取得する財産に係る相続税について適用（附則10①）

税制改正の影響

(例) 相続人が妻、子2人であり、法定相続分を取得した場合

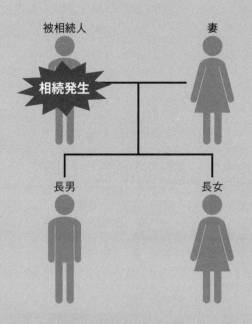

遺産額	8,000万円	3億円	5億円
相続人	妻・子供2人	妻・子供2人	妻・子供2人
遺産分割	法定相続分	法定相続分	法定相続分
相続税額	0円	妻：0円 子：各1,150万円	妻：0円 子：各2,925万円

▼

遺産額	8,000万円	3億円	5億円
相続人	妻・子供2人	妻・子供2人	妻・子供2人
遺産分割	法定相続分	法定相続分	法定相続分
相続税額	妻：0円 子：**各87.5万円**	妻：0円 子：**各1,430万円**	妻：0円 子：**各3,277.5万円**

その結果、平成26年までは相続税の申告が必要な人は、100人中4人程度でしたが、平成27年以降は100人中6人程度に増加すると見込まれています。また、この改正の影響は地域によって異なり、東京23区内では4人に1人の割合になるとも言われています。

基礎控除額縮小による影響

▶ 平成26年までは、相続の申告が必要な人は100人中4人程度でした
▶ 平成27年以降は税制改正の影響により、この割合が増えると予想されます

・死亡者に占める課税対象者の割合

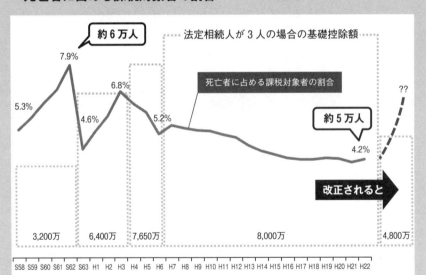

（国税庁統計資料および厚生労働省人口動態調査資料より作成）

さらに、平成27年1月1日より、相続または遺贈による財産の取得金額2億円超3億円以下に適用する税率が40％から45％に、6億円超に適用する税率が50％から55％に引き上げられます。

　その結果、高額な財産を相続または遺贈される人は、平成27年に開始した相続から増税になります。この点も、農協の優良な利用者（高額貯金利用者）である高齢組合員への影響は大きいです。

相続税率の改正

平成26年まで			平成27年～		
法定相続分に応ずる各人の取得金額	税率	控除額	法定相続分に応ずる各人の取得金額	税率	控除額
1,000万円以下	10%	―	同　左		
1,000万円超 ～ 3,000万円以下	15%	50万円	同　左		
3,000万円超 ～ 5,000万円以下	20%	200万円	同　左		
5,000万円超 ～ 1 億以下	30%	700万円	同　左		
1億円超 ～ 3億円以下	40%	1,700万円	1億円超 ～ 2億以下	40%	1,700万円
3億円超 ～	50%	4,700万円	2億円超 ～ 3億円以下	45%	2,700万円
			3億円超 ～ 6億円以下	50%	4,200万円
			6億円超 ～	55%	7,200万円

■適用時期：平成27年1月1日以後に相続または遺贈により取得する財産に係る相続税について適用（附則10①）

ステップ **2**

相続対策の最重要論点を抑えよう～遺産分割方法～

支店に戻った村田さんは、昼間の鈴木さんとの会話を支店長に報告します。

村田さん：「支店長。私が担当している鈴木さんですが、平成27年以降の相続税に関する基礎控除額の縮小による影響に関心を持っており、亡くなった際にどのくらいの相続税が発生するのか、気にされていました。」

支店長：「そうですか。鈴木さんは、資産家だから関心が高いのでしょう。確かに、相続対策の必要性を検討するうえでも、一度試算してみたほうがよいですね。」

村田さん：「鈴木さんの家族構成は奥さんと息子さんが2人、それに娘さんもいましたよね。だから、定額控除額が3,000万円と法定相続人比例控除が2,400万円だから、基礎控除は5,400万円か。鈴木さんの相続財産がこの金額を超えると、相続税がかかるということですね。」

　村田さんは支店長に相談しながら、鈴木さんの相続税の概算を計算し、鈴木さんに相続対策が必要になりそうなことを確認しました。

　後日、鈴木さんのお宅を訪問した際に、相続対策が必要になりそうだと伝えると…

鈴木さん：「そうですよね。私が死んで相続が発生した場合に、家族が相続税の納付で困らないように対策をしないといけないな。それに、相続で家族が争うことがないようにしておかないといけないな。私が死んで家族が争うなんてことになったら悲しいですからね。」

　村田さんは考えます。遺産分割の方法によって相続税が増えたり減ったりするだろうか？それに、相続によって家族が争うことがないように、遺産分割の際にどのような点に注意しないといけないのだろうか？

> **ポイント**
> 　農協の渉外担当者として、「被相続人の意思」「税金」「遺族の納得感」の3つの視点で、組合員の相続相談に対応できるようにしておくことが必要です。

被相続人の意思を遺言書で明確にする

　相続とは、被相続人の財産を遺族に承継させる手続きであり、被相続人が築いた財産を誰に、どのように承継させたいかという点について、被相続人自身の意思を尊重することは当然です。しかし、誰にとっても相続はある日突然に発生します。その際に、被相続人の意思を示すものが残っていなければ、遺産分割は、被相続人の死後に相続人全員の協議により、決定することになります。そこで、被相続人は生前に遺言書を書いて、遺産分割に関する自身の意思を明確に残しておくことが必要になります。被相続人の意思が記載された遺言書は、遺産分割で家族同士が争うことがないようにするためにも有効です。特に、法定相続分と異なる遺産分割を希望する場合には、遺言書によって自身の意思を明確に残しておかなければなりません。

- ○　子供がいないので、妻に全財産を残したい
- ○　亡き長男の嫁にも財産を与えたい
- ○　内縁の妻にも財産を与えたい
- ○　家業を継ぐ子に、農業用・事業用の財産を残したい
- ○　相続人がなく、生前にお世話になった人に財産を残したい

　遺言書として法的拘束力を発揮できる項目（遺言事項）には、①相続に関すること、②相続財産の処分に関すること、③身分に関することの3つがあります。

　　① **相続に関すること**
　　　　遺言書によって、法定相続分とは異なる割合での相続分を指定することや特定の相続財産を特定の相続人に相続させることを指定することが可能です。また、被相続人に対して虐待をし、もしくは重

大な侮辱を加えた相続人から被相続人の意思で相続権を奪うこともできます。

② **相続財産の処分に関すること**
　遺言書によって、被相続人の財産の全部または一部を相続人以外の者に贈与することができます（遺贈）。

③ **身分に関すること**
　遺言書によって、婚姻届を出していない男女間に産まれた子供を認知することができます。

3つの遺言方法

　一般に行われる遺言方法として、「自筆証書遺言」「公正証書遺言」「秘密証書遺言」の3つの方法があります。

■自筆証書遺言

　自筆証書遺言とは、遺言者が全文、日付および氏名を自筆で記載し、押印した遺言書です。自筆証書遺言という名前のとおり、"自筆"でなければ無効となります。字が下手だからという理由で、他人に代筆してもらったり、パソコンを使って書いたものは無効になってしまうため注意してください。自筆証書遺言を作成する場合には、遺族間で解釈が分かれるようなあいまいな表現に気をつけ、わかりやすい文章で記載することが必要です。

　自筆証書遺言は、費用もかからず簡単に作成できるため数多く利用されていますが、民法で定められたとおりに作成しないと、遺言書としての効力を発揮しないため注意が必要です。実際に、本人は遺言を残したつもりでも、書き方を誤ったために、実際には効力が発生しなかったというケースは少なくありません。

　また、遺言書の保管者や遺言書を発見した人は、遺言者が亡くなったら速やかに家庭裁判所に届け出て、遺言の存在を確認してもらわなければなりません（検認手続き）。封印のある遺言は、家庭裁判所の検認手続きの際に開封しなければならず、勝手に開封してはいけません。

■公正証書遺言

　公正証書遺言とは、遺言者が遺言の内容を口述し、公証人が筆記して作成する遺言です。作成した遺言は、遺言者の真意を確保するために2人以上の証人に立ち会ってもらいます。公証人が、筆記したものを遺言人と証人に読み聞かせ、または閲覧させ、それぞれが署名捺印します。

　作成した公正証書遺言の原本は、公証人によって保管されますので、紛失や変造の恐れがなく、最も確実な遺言方法だといえます。

■秘密証書遺言

　秘密証書遺言は、遺言者が自ら作成した遺言書の内容は秘密にしたままで、遺言の存在を公証人に証明してもらう遺言です。遺言者が作成した遺言書の封筒に、公証人が提出日付と遺言である旨を記載し、公証人、遺言者および証人がそれぞれ署名捺印します。自筆証書遺言と異なり自分で署名捺印さえすれば、パソコンで作成することも、代筆も可能です。

　遺言の内容を秘密にしたままで公証人からその存在を認めてもらえるため、相続時に遺言の真偽を家族で争うことを避けることができます。しかし、公証人はその存在を認めているだけで、内容を確認するわけではないため、自筆証書遺言と同様に、遺言の内容に法律的不備がある場合には、無効となってしまうおそれがあるため注意が必要です。また、自筆証書遺言と同様に遺言書の保管者や遺言書を発見した人は、遺言者が亡くなったら速やかに家庭裁判所に届け出て、検認手続きを受けなければなりません。

遺言の種類

種類	自筆証書遺言	公正証書遺言	秘密証書遺言
方法	■遺言者が全文、日付および氏名を自筆で記載し、押印	■遺言者が遺言の内容を口述し公証人が筆記して作成 ■作成した遺言書を遺言者と証人に読み聞かせまたは閲覧させそれぞれ、署名捺印	■遺言者が作成した遺言書の封筒に、公証人が提出日付と遺言である旨を記載し、公証人、遺言者および証人がそれぞれ署名捺印
家裁の検認	必要	不要	必要
メリット	■遺言の存在、内容を秘密にできる ■簡単に作成でき、費用がかからない	■遺言の存在、内容を明確にできる ■紛失や変造の恐れがなく、安全で保管が確実	■遺言の存在を明確にできる ■内容は秘密にできる
デメリット	■偽造、変造がされやすい ■自己作成のため、内容に法律的不備がある可能性がある ■家裁の検認手続きが必要 ■紛失の恐れがある	■遺言の存在、内容ともに証人に知られる（秘密にできない） ■証人の立会いが必要 ■相応の費用負担が必要	■自己作成のため、内容に法律的不備がある可能性がある ■検認の手続きが必要 ■紛失の恐れがある ■証人の立会いが必要 ■相応の費用負担が必要

コラム 付言事項に遺族への想いを書く

　遺言書には、付言事項として遺族にメッセージを残すことができるようになっています。そもそも、遺言書は相続によって家族間での争いが起きないように作成するものですが、被相続人の考える遺産分割の内容によっては、かえって家族間での争いのもとになることさえあります。特に、被相続人として特定の相続人に財産を残したいと考えているような場合には注意が必要です。

　被相続人には、被相続人としての考えがあってこれが良いと考える遺産分割を遺言書に記載したのであり、その意思や背景が遺族に十分に伝わらずに、家族間で争うことになってしまっては、被相続人も浮かばれません。法定相続分と異なる遺産分割を遺言書によって指定する場合には、その理由を明確にすることが必要です。被相続人としての意思が「長男は家業の農業を継いでもらうので、そのための財産を残したい」「長男の嫁は介護してくれたので自分の財産を与えたい」など付言事項に書かれていれば、遺族も納得しやすいでしょう。

　付言事項は遺言書としての法的拘束力はありませんが、被相続人の最後の意思として遺族に対する想いを記載しておけば、その想いは必ず遺族に届くはずです。

3 二次相続を意識した財産の分け方

　農協職員は、組合員から「どのように財産を分けたらよいのか」という相談に対して、被相続人の意思を尊重しながら、相続人（組合員家族）にとってより有利になるように遺産分割についてアドバイスすることが求められます。この際、財産の分割の仕方によって相続税額が異なるため、相続税額の計算方法を理解しておくことが必要です。配偶者の遺産相続は、配偶者の相続税額の軽減という特例措置によって「法定相続分相当額」または「１億6,000万円」のいずれか大きい額までの相続であれば相続税がかかりません。このため、一次相続だけを考えれば、配偶者の相続税額の軽減を最大限利用することで、相続税額を最も低く抑えることができます。しかし、二次相続まで考慮した場合には、必ずしも配偶者が多くの財産を相続することが有利になる、とは限らないため注意が必要です。

　ここで、一次相続と二次相続について整理しておきましょう。今回のケースでいえば組合員の鈴木さんが亡くなったときに発生する相続を「一次相続」といい、その後で、鈴木さんの奥さんが亡くなったときに発生する相続を「二次相続」といいます。一般的に、一次相続と比較して二次相続の際は、トラブルになりやすいといわれているのはなぜでしょうか。

■基礎控除額が減る

　二次相続では一次相続よりも法定相続人が１人減少するため、基礎控除額が600万円減額されます。結果として、課税遺産総額（＝課税価格－基礎控除額）が大きくなり、相続税は法定相続分に従った場合の各相続人の相続財産に超過累進税率を乗じて計算するため、二次相続では相続税負担額が大きくなります。

■配偶者の相続税額の軽減が使えない

　二次相続には配偶者がいないため、一次相続のように法定相続分相当額または１億6,000万円までの配偶者の相続税額の軽減が使えず、相続税負担

額が大きくなります。

■親が仲裁役になれない

一次相続では、片方の「親」が健在のため、親の意見を尊重したり、親の気持ちに配慮して兄弟同士でいがみ合うことは多くありません。しかし、二次相続になると親による牽制がきかなくなるため、兄弟同士であっても争いが起きやすくなります。特に、建物・土地などの分割がむずかしい不動産の相続財産に関して、兄弟同士で意見が分かれた場合には、遺産分割協議が非常にむずかしくなります。

設例　財産の分け方で相続税額がどのように変わるか検討しましょう

【家族構成】

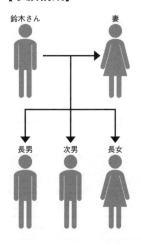

【財産の内訳】

種類	内容	評価額	課税価格
金融資産	JA貯金	2,000万円	2,000万円
	郵便貯金	2,000万円	2,000万円
	株式	1,500万円	1,500万円
	JA共済（死亡共済金）	3,000万円	1,000万円
不動産	自宅建物	2,000万円	2,000万円
	自宅土地	3,200万円	1,088万円
	賃貸アパート建物	4,000万円	4,000万円
	賃貸アパート土地	3,500万円	3,500万円
	農地	1,400万円	1,400万円
その他	農業用機械	400万円	400万円
借入金	賃貸アパート建築資金	▲2,000万円	▲2,000万円
相続財産合計		2億1,000万円	1億6,888万円

【前提】
・一次相続と二次相続の間は12年間とする。
・一次相続において、死亡共済金は妻が相続することとします。
・課税遺産総額の法定相続分に応ずる各人の取得金額は千円未満を、相続税の総額および各人の相続税額は百円未満をそれぞれ切捨てて算定しています。

計算例①　一次相続で妻が財産のすべてを相続する場合【一次相続】

課税価格		基礎控除額		課税遺産総額
1億6,888万円	－	5,400万円	＝	1億1,488万円

課税遺産総額		法定相続分		法定相続分に応ずる各人の取得金額		税率		控除額		相続税の総額（相続税の基礎となる税額）
1億1,488万円	×	妻1/2	＝	57,440,000円	×	30%		7,000,000円	＝	10,232,000円
	×	子1/6	＝	19,146,000円	×	15%		500,000円	＝	2,371,900円
	×	子1/6	＝	19,146,000円	×	15%		500,000円	＝	2,371,900円
	×	子1/6	＝	19,146,000円	×	15%		500,000円	＝	2,371,900円
合計				114,878,000円						17,347,700円

税率表

法定相続分に応ずる各人の取得金額	税率	控除額
1,000万円以下	10%	―
1,000万円超　～　3,000万円以下	15%	50万円
3,000万円超　～　5,000万円以下	20%	200万円
5,000万円超　～　1億円以下	30%	700万円
1億円超　～　2億円以下	40%	1,700万円
2億円超　～　3億円以下	45%	2,700万円
3億円超　～　6億円以下	50%	4,200万円
6億円超　～	55%	7,200万円

相続税の総額 A	取得割合 B	各人の納付税額 C＝A×B	配偶者の税額軽減 D	差引納付税額 C－D 一次相続税額
17,347,700円	100%	17,347,700円	16,435,528円	912,100円
	0%	0円	―	0円
	0%	0円	―	0円
	0%	0円	―	0円
合計		17,347,700円	16,435,528円	912,100円

【前提】
・基礎控除額は法定相続人の数を4人（妻、長男、次男、長女）として算定しています。
・配偶者の税額軽減＝相続税の総額×（法定相続分相当額または1億6,000万円の多い金額÷課税価格）で算定しています。
　（16,435,528円＝17,347,700円×160,000,000円÷168,880,000円）

計算例① 一次相続で妻が財産のすべてを相続する場合【二次相続】

課税価格	基礎控除額	課税遺産総額
1億8,888万円	− 4,800万円	= 1億4,088万円

課税遺産総額	法定相続分		法定相続分に応ずる各人の取得金額	税率	控除額		相続税の総額(相続税の基礎となる税額)
1億4,088万円	× 1/3	=	46,960,000円	× 20%	2,000,000円	=	7,392,000円
	× 1/3	=	46,960,000円	× 20%	2,000,000円	=	7,392,000円
	× 1/3	=	46,960,000円	× 20%	2,000,000円	=	7,392,000円
合計			140,880,000円				22,176,000円

税率表

法定相続分に応ずる各人の取得金額	税率	控除額
1,000万円以下	10%	—
1,000万円超 〜 3,000万円以下	15%	50万円
3,000万円超 〜 5,000万円以下	20%	200万円
5,000万円超 〜 1億以下	30%	700万円
1億超 〜 2億以下	40%	1,700万円
2億円超 〜 3億円以下	45%	2,700万円
3億円超 〜 6億円以下	50%	4,200万円
6億円超 〜	55%	7,200万円

相続税の総額 A	取得割合 B	各人の納付税額 A×B 二次相続税額
22,176,000円	26%	5,765,700円
	37%	8,205,100円
	37%	8,205,100円
合計	100%	22,175,900円

【前提】
・基礎控除額は法定相続人の数を3人（長男、次男、長女）として算定しています。
・二次相続における妻からの相続財産は一次相続で取得した財産1億6,888万円（課税価格）のみとします。
・妻が一次相続で取得した死亡共済金3,000万円は、二次相続では現預金であるため非課税枠（2,000万円）がなく、課税価格が2,000万円増加します。
・二次相続は相続人間で均等に相続し、評価減のある自宅土地は長男が相続することとします。
・計算の便宜上、取得割合の端数は省略して算定しています。

計算例② 一次相続で法定相続分どおり相続する場合【一次相続】

課税価格		基礎控除額		課税遺産総額
1億6,888万円	−	5,400万円	=	1億1,488万円

課税遺産総額	法定相続分		法定相続分に応ずる各人の取得金額		税率		控除額		相続税の総額(相続税の基礎となる税額)
1億1,488万円	× 妻1/2	=	57,440,000円	×	30%	−	7,000,000円	=	10,232,000円
	× 子1/6	=	19,146,000円	×	15%	−	500,000円	=	2,371,900円
	× 子1/6	=	19,146,000円	×	15%	−	500,000円	=	2,371,900円
	× 子1/6	=	19,146,000円	×	15%	−	500,000円	=	2,371,900円
合計			114,878,000円						17,347,700円

税率表

法定相続分に応ずる各人の取得金額	税率	控除額
1,000万円以下	10%	—
1,000万円超 〜 3,000万円以下	15%	50万円
3,000万円超 〜 5,000万円以下	20%	200万円
5,000万円超 〜 1億円以下	30%	700万円
1億円超 〜 2億円以下	40%	1,700万円
2億円超 〜 3億円以下	45%	2,700万円
3億円超 〜 6億円以下	50%	4,200万円
6億円超 〜	55%	7,200万円

相続税の総額 A	取得割合 B	各人の納付税額 C=A×B	配偶者の税額軽減 D	差引納付税額 C−D 一次相続税額
17,347,700円	50%	8,673,850円	8,673,850円	0円
	8%	1,387,816円	—	1,387,800円
	21%	3,643,017円	—	3,643,000円
	21%	3,643,017円	—	3,643,000円
合計	100%	17,347,700円	8,673,850円	8,673,800円

【前提】
・基礎控除額は法定相続人の数を4人(妻、長男、次男、長女)として算定しています。
・評価減のある自宅土地は長男が相続することとします。なお、計算の便宜上、取得割合の端数は省略して算定しています。各人の納付税額の計算上は端数処理を行いません。
・配偶者の税額軽減については、法定相続分を相続していることから、各人の納付税額の全額が税額軽減の対象となります。

計算例② 一次相続で法定相続分どおり相続する場合【二次相続】

課税価格		基礎控除額		課税遺産総額
1億500万円	−	4,800万円	=	5,700万円

課税遺産総額		法定相続分		法定相続分に応ずる各人の取得金額		税率		控除額		相続税の総額（相続税の基礎となる税額）
	×	1/3	=	19,000,000円	×	15%		500,000円	=	2,350,000円
5,700万円	×	1/3	=	19,000,000円	×	15%		500,000円	=	2,350,000円
	×	1/3	=	19,000,000円	×	15%		500,000円	=	2,350,000円
合計				57,000,000円						7,050,000円

税率表

法定相続分に応ずる各人の取得金額	税率	控除額
1,000万円以下	10%	—
1,000万円超 〜 3,000万円以下	15%	50万円
3,000万円超 〜 5,000万円以下	20%	200万円
5,000万円超 〜 1億円以下	30%	700万円
1億円超 〜 2億円以下	40%	1,700万円
2億円超 〜 3億円以下	45%	2,700万円
3億円超 〜 6億円以下	50%	4,200万円
6億円超 〜	55%	7,200万円

相続税の総額 A	取得割合 B	各人の納付税額 C=A×B 二次相続税額
	33%	2,350,000円
7,050,000円	33%	2,350,000円
	33%	2,350,000円
合計	100%	7,050,000円

【前提】
・基礎控除額は法定相続人の数を3人（長男、次男、長女）として算定しています。
・妻の相続財産は一次相続で取得した財産8,500万円（課税価格）のみとします。妻の課税価格8,500万円＝2億1千万円（一次相続評価額）×1/2（法定相続分）−2,000万円（共済非課税枠）
・妻が一次相続で取得した死亡共済金3,000万円は、二次相続では現預金であるため非課税枠（2,000万円）がなく、課税価格が2,000万円増加します。
・二次相続は均等に相続することとします。

計算例①

財産の分け方	一次相続 すべて妻が相続		二次相続 相続財産額は均等（自宅の土地は長男が相続）		一次＋二次 合計
	相続財産評価額	相続税額	相続財産評価額	相続税額	相続税額の合計
妻	2億1,000万円	91万円	—	—	91万円
長男	0万円	0万円	7,000万円	576万円	576万円
次男	0万円	0万円	7,000万円	820万円	820万円
長女	0万円	0万円	7,000万円	820万円	820万円
合計	2億1,000万円	91万円	2億1,000万円	2,217万円	**2,308万円**

計算例②

財産の分け方	一次相続 法定相続分通り（自宅の土地は長男が相続）		二次相続 相続財産額は均等		一次＋二次
	相続財産評価額	相続税額	相続財産評価額	相続税額	相続税額の合計
妻	1億500万円	0万円	—	—	0万円
長男	3,500万円	138万円	3,500万円	235万円	373万円
次男	3,500万円	364万円	3,500万円	235万円	599万円
長女	3,500万円	364万円	3,500万円	235万円	599万円
合計	2億1,000万円	867万円	1億500万円	705万円	**1,572万円**

　一次相続での財産の分け方によって、二次相続を含めた相続税額が大きく異なります。特に、配偶者も高齢の場合には、組合員が亡くなった場合の相続（一次相続）に加えて、配偶者が亡くなった場合の相続（二次相続）も考えて、できるだけ相続税の負担が軽くなるように財産を分けることが必要です。

遺留分制度

　財産の分け方を検討するにあたって、誰に、どのような財産を残したいのか、被相続人の意向に沿った遺産分割を実現したいと考えるのが、農協職員の思いでしょう。このような思いを持つことで、被相続人に寄り添った相続相談が可能になるのです。しかし、被相続人が特定の相続人に対して自身の財産をすべて相続させたい、もしくは、法定相続人以外の個人に対して財産を相続させたいと考えているような場合には、法定相続人の遺留分を侵害することになるため注意が必要です。

　遺留分とは、法定相続人が最低限相続することができる財産のことを言い、被相続人であっても、遺言書をもって遺留分を侵害することはできません。たとえば、被相続人が遺言書に自分が死んだら、生前大変お世話になったAさんにすべての財産を譲ると書いてしまい、実際に財産のすべてをAさんに相続させてしまうと、遺族は生活資金に困ってしまうことにもなりかねません。そこで、民法では法定相続人には相続が発生した際に、最低限相続することができる財産を遺留分として定めています。

　遺留分を侵害された者は、遺留分侵害を知ったときから1年以内に遺留分の減殺請求をすることができます。ただし、相続開始後10年を過ぎると、時効で消滅してしまいますので注意が必要です。なお、遺留分が認められているのは、相続人のうち配偶者、子、孫、そして父母と祖父母までです。兄弟姉妹には遺留分はありません。相続人が父母のみの場合には1/3、それ以外の場合には1/2が総体的遺留分として、相続人全員で主張することができる遺留分の割合となります。つまり、相続財産が3,000万円で相続人が配偶者と子2人の場合には、3,000万円×1/2＝1,500万円が遺留分の権利を持っている全員の遺留分の合計（総体的遺留分）になります。そのうえで、各相続人の遺留分（個別的遺留分）は、この総体的遺留分を法定相続分にしたがって分けることになります。なお、遺留分は相続税評価額ではなく、時価で考える必要があるため注意が必要です。

遺留分の割合

遺留分制度
- 遺留分とは、法定相続人が最低限相続することができる相続分のことをいいます。
- 被相続人であっても、遺言をもって遺留分を侵害することはできません。
- 遺留分を侵害された者は、遺留分侵害を知ったときから1年以内に「遺留分の減殺請求」をすることができます。

法定相続人	総体的※1 遺留分	法定相続分 配偶者	法定相続分 配偶者以外	個別的遺留分※2 配偶者	個別的遺留分※2 配偶者以外
配偶者と子	1/2	1/2	1/2	1/2×1/2=1/4	1/2×1/2=1/4
配偶者と父母（子がいない場合）	1/2	2/3	1/3	2/3×1/2=2/6	1/3×1/2=1/6
配偶者と兄弟姉妹（子および父母がいない場合）	1/2	3/4	1/4	1/2※4	なし※3
配偶者のみ	1/2	全部	—	1/2	—
子のみ	1/2	—	全部	—	1/2
父母のみ	1/3	—	全部	—	1/3
兄弟姉妹のみ	なし※3	—	全部	—	なし

※1 総体的遺留分

父母のみの場合	被相続人の財産の1/3
上記以外の場合	被相続人の財産の1/2

※2 個別的遺留分＝法定相続分×総体的遺留分
※3 兄弟姉妹には遺留分はありません
※4 兄弟姉妹の遺留分がないため、配偶者の個別的遺留分は総体的遺留分となります。

コラム　遺留分を生前に放棄してもらう

　被相続人が、自らの財産を特定の人に相続させたいと考えていることがあります。たとえば、家業を継続するために、後継者である長男にすべての財産を相続させたい、というようなケースは少なくありません。しかし、民法上は法定相続人全員に相続する権利があるため、いくら被相続人の意思（遺言書）であっても、長男に全財産を相続させることはできず、遺留分の請求があればこれを認めないわけにはいきません。

　この遺留分を事前に放棄できる制度があることをご存知でしょうか。被相続人が後継者である長男に全財産を相続させたいのであれば、他の相続人に遺留分を放棄してもらい、遺言書によって長男に全財産を相続させる旨を記載すればよいのです。

　遺留分を放棄するためには、相続開始前に遺留分を放棄する本人が、家庭裁判所に「遺留分放棄の家事審判申立書」を提出し、許可を受けることが必要です。

5 納税資金の充分性

　財産の分け方について検討する際には、納税資金の充分性にも配慮することが必要です。被相続人の意思を尊重して財産を分けたものの、相続税を納付することができずに売却してしまったのでは、被相続人の思いは実現していません。被相続人の意思が、納税資金の不足によって阻害されることがないように、相続人ごとに、納税資金の充分性を事前に検討しておくことが必要です。

　納税資金の充分性を検討する際には、相続財産の換金性が重要になります。換金性の高い金融資産（「現金・預貯金」「上場株式」）や「死亡保険金・死亡共済金」「死亡退職金」）などは、簡単に納税資金に充てることができますが、「賃貸アパート（土地・建物）」「遊休地・遊休建物」などの不動産は、売却するまでに日数と手間がかかり、納税資金が不足するおそれがあります。納税資金として不動産の売却を検討しているのであれば、生前に売却することも選択肢の1つです。この場合には、譲渡益に譲渡所得税がかかりますが、早期に納税資金を確保するという点では、検討の余地が充分にあると思います。また、「自宅（土地・建物）」「家財道具」など、実際に相続人が居住の用に供している財産は、売却することはできず納税資金に充てることができませんので、納税資金を検討する際には注意が必要です。さらに、被相続人が趣味で集めていた書画・骨董品などは、換金性が高いと考えることもできますが、実際には市場流通性が無い場合が多く、売却するまでに日数を要することがあります。

　相続人ごとに相続税の納付額が、預貯金等換金性の高い相続財産の額を上回る場合には、納税資金が不足するおそれがあります。納税資金の確保は、相続税を納税する必要のある組合員家族にとって非常に重要な論点であり、遺産分割に際し、相続財産の換金性を考慮することは不可欠です。仮に、各相続人が同じ価額の財産を相続した場合でも、財産の換金性によっては、納税資金が不足し、相続人間での争いに発展するおそれがあります。

コラム 相続税の取得費加算の特例を使う

　相続によって取得した財産を、相続税の申告期限から3年以内に売却した場合には、相続税額の一部を取得費に加算することができます（相続税の取得費加算の特例）。

　相続によって財産を取得した場合に相続税がかかり、その相続税を支払うために財産を売却して、譲渡所得税がかかってしまっては、二重課税になってしまいます。そこで、このような重い税負担を軽くするために特例が設けられています。

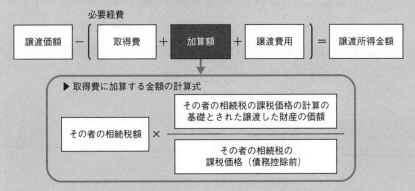

取得費加算の計算方法

　ただし、この特例は次の要件を満たす場合にのみ、適用が可能になります。
　①相続や遺贈により財産を取得した者であること
　②その財産を取得した者に相続税が課税されていること
　③その財産を、相続開始日の翌日から相続税の申告期限の翌日以後
　　3年を経過する日までに譲渡していること
　この③の要件があるため、相続財産の売却は3年以内が鉄則です。実際には、相続税の申告期限が10ヶ月ありますから、3年10ヶ月以内に売却すれば、譲渡所得税を低く抑えることができます。

コラム　不動産の相続登記はお早めに

　遺産分割協議がまとまったら、相続財産の名義を相続人に変更することになりますが、預貯金と異なり、自宅などの不動産については相続登記しなくてもそのまま使うことができます。さらに、相続登記には、いつまでに登記をしなければならないといった規則がありません。そのため、相続後何年、何十年も経過しているのに、いまだに相続登記の手続きをしないで過ごしている人もいます。実際に、自宅に住み続けている間は相続登記をしていないことが問題になることはありません。

　しかし、その不動産を担保に借入をする場合やその不動産を売却する場合には、その不動産の名義を変更しておかなければなりません。不動産の相続登記に時間がかかり、売却が相続の申告期限後3年を越えてしまえば取得費加算の特例は使えません。

　不動産に関する相続登記は早めに終わらせ、後々、登記が未了であることによって問題が発生しないように注意しましょう。

ステップ **3**

これができたら上級者
～節税対策のアドバイス～

村田さんは、1日の渉外活動を終えて支店で事務処理をしながら、昼間の鈴木さんとの会話を思い出しています。鈴木さんは、相続税が少なくなるように対策をしたいということを何度も繰り返していたな。どこかの金融機関から、アパート経営をすれば相続税の節税対策になる、なんて言われているみたいだし、、、鈴木さんにとって有効な相続対策を考えていると、先輩職員の斉藤さんが声を掛けてきました。

斉藤さん：「調子はどう？共済とれてる？」
村田さん：「厳しいです。なかなか数字が伸びません。もっと組合員としっかり人間関係をつくらないと、いきなり共済どうですか？と言っても入ってもらえませんね。ノルマが厳しいんですって泣きついても、それで共済契約が取れた時代は終わりましたしね、、、」
斉藤さん：「そうだな。それで、組合員とちゃんと話ができてるのか？」
村田さん：「最近、鈴木さんから相続に関する相談を受けているんですが、なかなか上手く回答できなくて、今も悩んでいます。相続税が発生しそうなので、生前に相続対策をしたいと相談を受けているのですが、具体的に何をどう検討すればいいのかわかならなくて。」
斉藤さん：「年間110万円の贈与税控除を活用するのが基本だろう。そのうえで、住宅取得資金や教育資金など贈与の特例がいくつかあるから、それらの特例を使って生前に贈与しておくことも検討するべきだろうね。」
村田さん：「生前贈与によって、相続財産を減らしておくということですね。」
斉藤さん：「それに、鈴木さんは不動産も多く所有していたよね。所有資産を整理して、組み換えることで節税になるかもしれないよ。組合員さんから相続相談を受けているということは、信頼のあらわれだぞ。しっかり考えろよ。」

これができたら上級者〜節税対策のアドバイス〜 ステップ3

　村田さんは考えます。相続対策としての生前贈与など話に聞くことはあるが、実際に、鈴木さんにとって有効な相続対策には、どのようなものがあるのだろうか？

ポイント

　農協の渉外担当者として、組合員にとって無理のない合法的な「節税対策」の必要性を提案できるようになっておくことが必要です。

1 節税対策の3本柱

　農協の渉外担当者として、組合員から「相続税って安くなるの？」と相談されることも多いのではないでしょうか。相続税は計画的に対策をすれば安くなります。相続対策において大切なのは、「焦らず計画的に対策する」ことです。

　相続税の節税対策としてアパート経営をするという記事を見ることも多いと思います。たしかに不動産の購入によって相続税の課税価格を減少させることで、相続税の節税対策になるということは事実です。しかし、そこには購入した不動産を有効に活用できるという前提があるため、安易に飛びついてはいけません。少子高齢化が急激に進み、人口が減少局面に入る日本において、アパート経営は簡単ではありません。相続対策として購入したアパートが、常に満室で家賃収入だけで老後の暮らしは安泰だ、なんていう上手い話には気をつけなければいけません。実際に、不動産を購入することで、「相続税は安くなったけど、それ以上に資産が減少してしまった。」、「上手い話に乗せられて結局は損をした。」という声を聞くことも少なくありません。

　農協職員として組合員から信頼される相談相手になるためには、雑誌等で紹介されている安易な節税対策に飛びつくのではなく、相続税対策について仕組みを理解し、組合員の事情を踏まえて、最適な節税対策を提案することが必要です。

　まず相続税の節税対策の3つの柱を理解しておきましょう。

① **相続財産を少なくする（生前贈与による節税）**

　　生前贈与を活用することで相続財産を減少させることは、相続税に対する節税対策の基本です。生前贈与を行いやすくする特例もありますので、活用を検討してみましょう。

② **課税価格を少なくする（財産の組み換えによる節税）**
　相続税に関する固定資産の評価は、財産の種類や使用方法等によって異なります。そのため、評価額の低い資産へ組み換えることで課税価格を減少させることができます。

③ **法定相続人を増加させ、基礎控除額を増やす（養子縁組による節税）**
　子供をつくることで、法定相続人は増加します。年齢的に子供をつくるのがむずかしい組合員でも、養子縁組によって法定相続人を増加させることができます。

2 生前贈与による節税

　相続税の基本となる節税対策は、生前に自分の財産を贈与することで相続財産を減らしておくことです。そこで、相続税の課税対象となるような資産家は、相続税対策のために、生前に自身の財産を家族などへ贈与して、分散させておこうと考えます。しかし、それを許してしまうと、相続税がとれなくなるため、贈与にも税金がかかる仕組みにしています。

　贈与税の課税制度には、「暦年課税贈与」と「相続時精算課税贈与」の2種類があります。平成15年1月1日以後に財産の贈与を受けた人は、一定の要件を満たせば相続時精算課税贈与を選択することが可能です。しかし、一旦、相続時精算課税贈与を利用すると、暦年課税贈与には戻れないため、慎重な判断が必要です。なお、受贈者（財産を取得した個人）は、贈与者ごとにそれぞれの方法が選択できます。つまり、父親からの贈与は、相続時精算課税贈与を選択し、母親からの贈与は、暦年課税贈与を選択することも可能です。

① **暦年課税贈与**

　1年間に贈与により取得した財産の価格の合計額を基礎に課税する制度です。この制度には、毎年110万円まで非課税枠があるため、計画的に実施することで、相当の節税効果が期待できます。

② **相続時精算課税贈与**

　相続時精算課税贈与とは、生前に財産を贈与するときに、贈与時に一旦贈与税を納め、贈与者が亡くなったときに、贈与財産と相続財産を合算して相続税を計算し、納付済みの贈与税を控除して精算するという制度です。この制度には、2,500万円の非課税枠があるため、特定の贈与者からの贈与が2,500万円以下であれば課税されることはありません。この2,500万円の非課税枠は特定の贈与者から、この制度を適用

して贈与を受けた財産の総額であり、暦年での計算ではないので注意が必要です。仮に2,500万円を超える贈与を受けた場合には、2,500万円を超える部分については、贈与税が一律20％課税されます。

暦年課税贈与と相続時精算課税贈与との比較

項目	暦年課税贈与	相続時精算課税贈与
適用対象者	個人	贈与者の推定相続人である直系卑属のうち、その年1月1日において20歳以上の者および孫
贈与者	個人	上記の日において60歳以上の者
基礎控除	毎年110万円	なし
特別控除	なし	贈与者ごとに2,500万円（前年以前に適用した金額がある場合にはその残額）
課税価格	1月1日から12月31日までの1年間に贈与を受けた財産の合計額	上記の要件を満たす贈与者ごとの1月1日から12月31日までの1年間に贈与を受けた財産の合計額
税率	10％～55％の累進税率（直系尊属からの贈与については税率が緩和されます）	20％
届出要件	なし	特定贈与者ごとに、最初の適用年分の贈与税の申告期限内に、贈与税申告書に一定の届出書と書類を添付して税務署長に提出しなければなりません。

> **コラム** **相続時精算課税贈与には節税効果があるのか？**
>
> 　相続時精算課税贈与は、暦年課税贈与とは異なり、贈与した財産を相続財産に合算して相続税額が計算されるので、節税効果はないと思われるかも知れません。しかし、次のような場合には相続時精算課税贈与によって、節税効果が期待できます。
>
> ① **賃貸用不動産（アパート、マンション）など収益を生み出す財産**
> 　賃貸用不動産を贈与した場合、相続時には、贈与時の不動産の価額が、相続財産に合算されて相続税を計算するため、不動産の贈与自体に節税効果はありません。ただし、贈与後に発生する賃料収入などの収益は、すべて受贈者のものになるため、相続財産から外すことができます。
>
> ② **将来に値上がりが期待される財産**
> 　相続時精算課税贈与によって贈与された財産は、贈与時の価額によって相続財産と合算されます。つまり、贈与後の値上がり分は考慮されないため、組合員が、趣味で収集している書画や骨董品など、将来的に値上がりが確実なものは事前に贈与することで、相続財産の課税価格を低く抑えることができます。

コラム　名義貯金は誰のもの？

　相続税に対する節税対策の基本は、毎年110万円の非課税枠を活用して贈与を繰り返していくことです。ここで注意が必要なのが「名義貯金」です。

　名義貯金とは、親が子供の名義で貯金口座を開設し、子供のためにコツコツ積み立てて成人したら渡そう、と考えているような貯金です。実際に、子供のため、孫のためとそれぞれの名義でコツコツ貯金をしている組合員も少なくありません。しかし、この名義貯金は税務調査で、贈与と認定されないことがほとんどです。

　コツコツ貯金をしている組合員としては、子供の名義の貯金口座に貯金しているから、それは子供に対して贈与したものと考えているようですが、贈与者が勝手にあげたつもりになっていても贈与は成立しません。贈与とは贈与者と受贈者の双方が、贈与だと認識していなければなりません。つまり、親が子供のために子供名義の口座に貯金しているだけでは、贈与ではないのです。さらには、親（贈与者）と子供（受贈者）の双方が、贈与だと認識してるだけでは不十分であり、贈与が実態をともなっていなければ贈与とは認められません。贈与の判定でポイントになるのが、もらった子供が通帳や印鑑を管理していて、いつでも自分の意思で引き出せるような状態になっているかどうかです。通帳と印鑑を子供に渡してしまうと、勝手に使ってしまうからといって、親が通帳と印鑑を保管していると、それは贈与とは認められません。子供のために長期に渡ってコツコツためた貯金であっても、子供に知らせないまま親が亡くなった場合には、その貯金は相続財産とみなされてしまいます。

コラム　連年贈与に注意

　贈与税には110万円の非課税枠があるので、この非課税枠を活用して計画的に相続財産を減らすことが、相続対策の基本です。しかし、この110万円の非課税枠を活用した贈与についても、1回だけの贈与であれば問題ありませんが、毎年同じ金額の贈与を続けると110万円以下であっても、贈与税がかかる可能性があるため注意が必要です。

　たとえば、毎年110万円の贈与を10年間継続した場合には、税務署はこれを最初の年に1,100万円の贈与（契約）があり、単にそれを分割して実行したに過ぎないとみなします。つまり、贈与の開始時にすべての贈与の意思があったものとして、一括して贈与税がかかることになります。

　このため、毎年贈与する場合には、その都度、贈与の意思決定があったことを証明するために毎年贈与契約書を作成しておく、毎年の贈与の内容を変える（今年は100万円で来年は110万円、今年は現金で来年は有価証券など）など、一括贈与とみなされないような工夫が必要です。

コラム 孫への贈与で節税対策

　相続対策として、生前に贈与したとしてもその後3年以内に相続がある場合には、その贈与財産は、相続財産に加えて相続税が計算されることになります。そうなってしまうと、せっかくの相続対策も無意味になってしまいます。

　しかし、孫や子の配偶者など相続権のない人に対して行われた贈与については、贈与財産が相続財産に加算されることはありません。そのため、相続の時期が近づいていると思われる場合には、孫や子の配偶者など相続権のない人に対して、財産を贈与することが効果的な相続対策になります。

　さらに、孫への贈与は世代飛ばしの効果があります。つまり、本来孫が財産を引き継ぐのは、2度の相続（組合員の相続、子の相続）を経てからです。これを孫に財産を贈与することで、1回分の相続税を回避することができます。

3 生前贈与を行いやすくする贈与の特例

　相続財産を減少させるためには、基礎控除110万円以内の贈与が基本であり、計画的に相続財産を減らしておくことが必要です。しかし、年間110万円と贈与できる上限が決まっていることに加え、相続開始前3年以内の贈与は、みなし相続財産として課税価格の計算に含められることになります。

　これに対し、1回で大きな節税効果のある特例が設けられているため、組合員からの相談に答えるためには、それぞれの内容を理解しておくことが必要です。

① 配偶者控除の特例

　結婚して20年以上経った配偶者から、居住用不動産または居住用不動産を購入するための金銭を贈与された場合には、2,000万円までは贈与税が非課税になるという特例です。基礎控除の110万円を加えると、配偶者への贈与に関して、2,110万円までが非課税ということです。この制度は、贈与税の特例なので、控除額等を記載した贈与税の申告書を税務署に提出してください。

　ただし、無条件でこの特例が使えるわけではなく、贈与された不動産に贈与年の翌年3月15日までに居住し、かつ、引き続き居住することが必要です。さらに、この制度は同じ夫婦では一生に一度しか使えません。また、不動産を取得した際には、登記費用、登録免許税、不動産取得税などの諸経費がかかることを忘れてはいけません。

② 住宅取得等資金の贈与の特例

　平成31年度6月30日までに直系尊属（父母、祖父母など）から住宅取得資金の贈与を受けた場合に、一定の金額が非課税になるという特例です。

非課税限度額一覧表

住宅用家屋の取得等の期間	良質な住宅用家屋		左記以外の住宅用家屋	
	①住宅を消費税率10%で取得	② ①以外	①住宅を消費税率10%で取得	② ①以外
～平成27年12月	―	1,500万円	―	1,000万円
平成28年1月～平成29年9月	3,000万円	1,200万円	2,500万円	700万円
平成29年10月～平成30年9月	1,500万円	1,000万円	1,000万円	500万円
平成30年10月～平成31年6月	1,200万円	800万円	700万円	300万円

　この特例も無条件に使えるわけではなく、適用にあたっては、受贈者が次の要件を満たしていることが必要です。
(ア)　贈与を受けた年の1月1日において20歳以上であること
(イ)　贈与を受けたときに日本国内に住所を有していること
(ウ)　贈与を受けた年の所得金額が2,000万円以下であること
(エ)　住宅取得等資金の全額で、住宅家屋の新築、取得または、増改築等を行うこと
(オ)　(エ)の住宅用家屋に受贈者が居住すること、または、遅滞なく居住することが確実と見込まれること
(カ)　贈与の翌年の2月1日から3月15日までに贈与税の申告を行っていること

③　**教育資金の一括贈与の特例**
　平成31年3月31日までに直系尊属（父母、祖父母など）から30歳未満のひ孫、孫、子供（名義の金融機関の口座等）へ教育資金を一括して贈与した場合、合計1,500万円までが非課税になる制度です。ここで教育資金とは、学校の「入学金」「授業料」以外にも「塾」「習い事」に関する費用も含まれており、義務教育に要する費用だけに限っているわけではありません。そのため、教育費の名目があれば、まとまっ

たお金を一括して贈与でき、相続税に対する節税対策のための生前贈与として、大きなメリットが期待できます。その一方で、「30歳になるまでに使いきれなかった場合には、贈与税が課される」、「信託銀行から引き出す際に教育資金として支出したことを証する書類（領収書など）を提出することが求められ、非常に手間が掛かる」など問題点も指摘されているため、この特例を活用する際には注意が必要です。

④ 結婚・子育て資金の一括贈与の特例

平成27年4月1日から平成31年3月31日までの間に直系尊属（父母、祖父母など）から20歳以上50歳未満の孫、子供（名義の金融機関の口座等）へ結婚・子育て資金を一括して贈与した場合、合計1,000万円までが非課税になる制度です。ここで結婚・子育て資金とは、①結婚に際して支出する費用、住居引越しに関する費用のうち一定のもの、②妊娠・出産に要する費用、子の医療費・保険料のうち一定のもの、が含まれます。この特例も教育資金の一括贈与と同様に、銀行等の金融機関に口座を開設し贈与する資金を一括で預け、領収書等を提出して必要なときに引き出すことになります。受贈者が50歳になるまでに使い切れなかった場合には、贈与税が課されます。また、契約期間中に贈与者が死亡した場合には、残額は相続により取得したものとされ、相続税がかかるため、この特例を活用する際には注意が必要です。

これができたら上級者〜節税対策のアドバイス〜 ステップ3

コラム　良質な住宅用家屋とは？

　住宅取得等資金の非課税制度の適用を受ける場合、良質な住宅用家屋は、一般住宅よりも非課税枠が大きくなっています。この良質な住宅用家屋とは、次の基準を満たした住宅のことをいいます。

(ア)　省エネルギー対策等級に係る評価が等級4の基準に適合している住宅

(イ)　耐震等級に係る評価が等級2または等級3の基準に適合している住宅

(ウ)　地震に対する構造躯体の倒壊等防止および損傷防止に係る評価が、免震建築物の基準に適合している住宅

(エ)　一次エネルギー消費量等級に係る評価が、等級4または等級5の基準に適合している住宅

(オ)　高齢者等配慮対策等級に係る評価が、等級3、等級4または等級5の基準に適合している住宅

財産の組みかえによる節税

　相続税の計算においては、相続税がかからない財産もあれば、使用方法等によって、評価額が大幅に減額される財産があります。そのため、所有している財産を組み換えることで、節税につながることがあります。

　たとえば、鈴木さんが遊休地（課税価格5,000万円）を所有している場合には、このまま土地として所有していれば、課税価格に対してそのまま相続税が課税されることになります。しかし、この土地を売却して財産を組み換えることで、相続税を低く抑えることができます。

① 墓地、墓石、仏壇（非課税資産）を購入する

　墓地や墓石、仏壇、仏具などは「祭祀財産」として課税財産に含まれません。そのため、生前に祭祀財産を取得することで、相続税の課税価格を減少させることができます。ただし、これらの財産をローンで購入した場合に、未払金があると、その未払額は課税対象になりますので、墓地や墓石などは生前に購入し、支払いを完了しておくようにしてください。

② 一時払養老生命共済に加入する

　第1章で説明したように、被相続人が掛金を負担していた死亡共済金を相続人が受け取ったときには、相続財産から「500万円×法定相続人の数」まで死亡共済金が非課税となります。つまり、法定相続人が3人いる場合は、現金で持っていれば1,500万円に対して相続税がかかっていたものが、1,500万円の一時払養老生命共済に加入しておけば非課税となり、相続税が課税されません。一時払養老生命共済は、年齢や健康状態に関係なく入ることができ、支払う共済掛金と受け取る共済金があまり変わらないことが特徴です。この一時払養老生命共済は、死亡時が満期の定期貯金のように考えることができます。

③ 自宅用の土地・建物を購入する

　相続税には、様々な控除制度が設けられています。特に「自宅」の相続に関しては、自宅を相続したのに相続税が払えずに、自宅を売却するしかないというようなことになれば、遺族の生活に支障をきたしかねません。そこで、自宅に対しては高い税金がかからないようになっています。詳細は第4章で説明しますが、自宅を相続した場合には、最大で8割も相続財産の評価額を減額できます。

5 養子縁組による節税

相続税に対しては、養子縁組をすることで、次の節税効果が得られます。

① 相続税の基礎控除額が増加する
② 死亡共済金・死亡保険金の非課税枠が増加する
③ 死亡退職金の非課税枠が増加する
④ 相続人あたりの相続財産の課税価格が減少するため、超過累進税率である相続税の税率が低くなる

　養子縁組によって法定相続人が増加すれば、基礎控除額や非課税枠の増加によって、相続税の節税になります。しかし、相続税の節税を目的に、無制限に養子縁組によって法定相続人の数を増やすことは認められません。相続税では、基礎控除額の算定における法定相続人に含まれる養子の数に制限を設けることによって、相続税の負担を減少させる行為を制限しています。そのため、実子がいる場合には、養子は1人までしか法定相続人に含めることはできません。また、実子がない場合でも、養子は2人までしか法定相続人に含めることはできません。さらに、養子縁組には相続税の節税以外の理由・目的が必要です。節税のために養子縁組をしたのでは、税務署は養子縁組を認めてくれず、法定相続人に養子を入れないで相続税を計算することになります。

コラム　相続税の申告漏れがあったらどうなるのか？

　相続税を低く抑えるために、相続財産を隠して申告してしまえば簡単だ、と考えている人もいます。特に、手元に現金で置いておけばそれを把握することなどできない、と考えているようです。しかし、税務署の税務調査を甘く見てはいけません。この税務調査によって、ほとんどの申告漏れは見つかっています。

　仮に申告漏れがあると、単に申告漏れに対応する相続税を支払えばよい、ということではありません。本来支払うべき相続税のほかに、ペナルティーとして過少申告加算税、無申告加算税、重加算税、および納付延滞の利息分としての延滞税がかかってきます。

【過少申告加算税】

　税務調査によって修正申告書を提出した場合や更正があった場合には、過少申告加算税として、原則、納付税額の10％がかかります（追加納付税額が期限内に申告した税額、または50万円のいずれか多い金額を超える部分については15％がかかります）。修正申告書を提出した場合でも、税務署の指摘の前に自主的に提出した場合には、この過少申告加算税はかかりません。

【無申告加算税】

　申告書を提出せずに、税務調査によって申告期限を過ぎて、申告書を提出した場合、または決定を受けた場合には、無申告加算税として、納付することになる税額の15％（50万円を超える部分は20％）がかかります。この無申告加算税については、税務調査による指摘の前に自主的に申告した場合でも、納付することになる税額の5％がかかります。

【重加算税】
　申告書が、うっかりミスではなく、不正によって事実を隠蔽または仮装し、その隠蔽または仮装に基づいて申告書を提出した場合、または提出しなかった場合には、重加算税として、過少申告加算税に関するものは、納付することになる税額の35％、無申告加算税に関するものは、納付することになる税額の40％がかかります。さらに、不正によって逃れていた税金の額が多額だった場合には、税法違反で、刑事罰に問われることもあります。

【延滞税】
　納付すべき税額を期日までに完納しない場合には、延滞税として未納税額に対して、最初の2ヶ月は前年11月30日の公定歩合＋4％、それ以降は年14.6％がかかります。

ステップ **4**

ここが難関
～土地評価の基本を理解する～

村田さんは、鈴木さんにとって効果がありそうな節税対策について資料をまとめ、集金のために鈴木さんを訪問する際に持参しました。

村田さん：「相続税の節税対策は、計画的に実施することが大切です。鈴木さんの場合には、110万円の非課税枠を活用して、生前にご家族に財産を贈与しておくことが効果的ではないでしょうか。名義貯金には注意してくださいね。」

鈴木さん：「名義貯金は贈与にならないのかぁ、知らなかったな。やっぱり基本は、毎年110万円をコツコツ贈与するということだね。ただ、これだと時間が掛かりそうだな、、、他には何かありますか？」

村田さん：「財産を組みかえることによって、相続税を低く抑えることもできます。たとえば、墓地、墓石など非課税資産を購入しておくことも、節税対策になるんですよ。あと、一時払養老生命共済に加入することも、実は節税対策になるんです、、、ちょっと推進になってしまいましたかね。」

鈴木さん：「いえいえ、ちょっとくらい推進してくれたほうがいいよ。だって、こんなにいろいろ考えてもらってるのに、相談しているだけじゃ、村田さんの成績にはならないでしょう。一時払養老生命共済も考えてみようかな」。

村田さん：「ありがとうございます。」

鈴木さん：「村田さん、、、実は私、いろいろな場所に土地を持っているんだよ。相続税について考え始めてから、この土地にどの程度の相続税がかかるのか、気になっているんだけど、土地の評価は「１物４価」だっけ、複雑すぎて私にはわからないよ。」

村田さん：「そうなんですよね。土地の評価はとても複雑で、正直に言って、我々も完璧に理解しているわけではないんです。土地の評価について、わかりやすくまとまった資料がないか、探してみますね。」

村田さんは考えます。鈴木さんは、様々な土地を持っているようだが、実際に、どの程度の相続税がかかるのだろうか？それにしても、鈴木さんから土地の話を聞いたのははじめてだな。少しずつだけど、信頼してくれているのかなと思うと、ちょっとうれしいな。

> **ポイント**
> 　農協の渉外担当者として、相続税計算上の土地評価の基本をおさえて、概算評価額を算出できるようになっておくことが必要です。

1 宅地の評価は「路線価方式」と「倍率方式」

　土地は、相続財産の4割強を占める重要な財産です。そのため、この土地の評価方法は、相続相談対応にあたる農協職員にとって、最も重要な知識といっても過言ではありません。

　まずは、宅地の評価方式を理解しましょう。国税庁の定める通達（財産評価基本通達）に基づく宅地の評価方法には、「路線価方式」と「倍率方式」があります。評価しようとする宅地が、路線価方式と倍率方式のどちらで評価することになるかは、国税局長が財産評価基準書（路線価図／評価倍率表）として公表しており、国税庁ホームページ、全国の国税局および税務署で確認することができます。

① 路線価方式

　路線価方式とは、路線価が定められている地域（路線価地域）の評価方法です。ここで路線価とは、路線（道路）に面する標準的な宅地の1平方メートルあたりの価額のことです。路線価方式による宅地の評価額は、原則として、路線価をその宅地の形状等に応じた各種補正率（奥行価格補正率、側方路線影響加算率など）で補正した後、面積を掛けて計算します。

② 倍率方式

　倍率方式とは、路線価が定められていない地域（倍率地域）の評価方法です。倍率方式による宅地の評価は、原則として、その宅地の固定資産税評価額に一定の倍率を掛けて計算します。固定資産税評価額は、市町村役場にある固定資産課税台帳を閲覧することでわかります。または、財産評価基準書で確認できます。倍率方式の場合には、固定資産税評価額と倍率がわかれば計算は容易です。

2 路線価方式で宅地を評価する

　路線価方式で宅地を評価するために、「路線価図」で必要な情報を読み取りましょう。

　路線価図には、「各路線の路線価」、「借地権割合」、「地区」、「地番等」が表示されています。なお、路線価は1平方メートルあたりの価額を千円単位で表示しています。

路線価図の見方

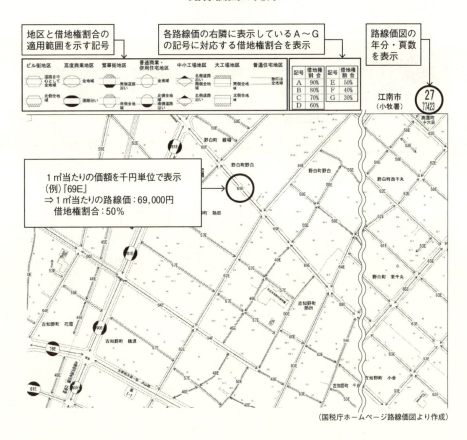

（国税庁ホームページ路線価図より作成）

① 一方のみが路線に接する宅地の価額

　一方のみが路線に接する宅地は、路線価にその宅地の奥行距離に応じた「奥行価格補正率表」に定める補正率を乗じた価額を1平方メートルあたりの価額とし、それに面積を乗じて評価額を計算します。

一方のみが路線に接する宅地

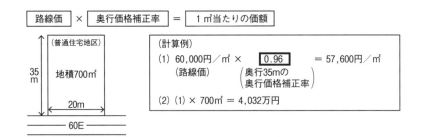

路線価 × 奥行価格補正率 = 1㎡当たりの価額

(計算例)
(1) 60,000円／㎡ × 0.96 ＝ 57,600円／㎡
　　（路線価）　　（奥行35mの奥行価格補正率）

(2) (1) × 700㎡ ＝ 4,032万円

奥行価格補正率表

地区区分 奥行距離(m)	ビル街地区	高度商業地区	繁華街地区	普通商業・併用住宅地区	普通住宅地区	中小工場地区	大工場地区
4未満	0.8	0.9	0.9	0.9	0.9	0.85	0.85
4以上6未満		0.92	0.92	0.92	0.92	0.9	0.9
6 〃 8 〃	0.84	0.94	0.95	0.95	0.95	0.93	0.93
8 〃 10 〃	0.88	0.96	0.97	0.97	0.97	0.95	0.95
10 〃 12 〃	0.9	0.98	0.99	0.99	1	0.96	0.96
12 〃 14 〃	0.91	0.99	1	1		0.97	0.97
14 〃 16 〃	0.92	1				0.98	0.98
16 〃 20 〃	0.93					0.99	0.99
20 〃 24 〃	0.94					1	1
24 〃 28 〃	0.95				0.99		
28 〃 32 〃	0.96		0.98		0.98		
32 〃 36 〃	0.97		0.96	0.98	0.96		
36 〃 40 〃	0.98		0.94	0.96	0.94		
44 〃 48 〃	1		0.9	0.92	0.91		

（国税庁ホームページ奥行価格補正率表より作成）

② 正面路線と側方路線に接する宅地の価額

正面と側方の二方に路線がある宅地は、側方路線価に「側方路線影響加算率」を乗じて二方路線影響加算額を計算し、正面路線価にこれを加算した価額を１平方メートルあたりの価額とし、それに面積を乗じて評価額を計算します。路線価のうち、奥行価格補正後の１平方メートル当たりの価額が高いほうを正面路線価にします。

正面路線と側方路線に接する宅地

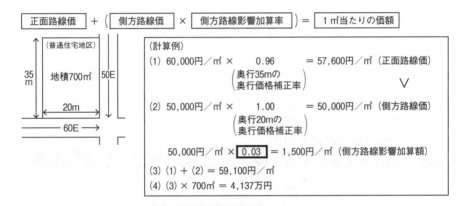

側方路線影響加算率表

地区区分	加算率	
	角地の場合	準角地の場合
ビル街地区	0.07	0.03
高度商業地区 繁華街地区	0.10	0.05
普通商業・併用住宅地区	0.08	0.04
普通住宅地区 中小工場地区	0.03	0.02
大工場地区	0.02	0.01

（国税庁ホームページ側方路線影響加算率表より作成）

3 倍率方式で宅地を評価する

　倍率地域の宅地は、基準年度の固定資産評価額に当該年度の評価倍率を乗じて評価額を計算します。ここでいう固定資産評価額は、地方税法の特例措置による固定資産税の課税標準額ではなく、「価格」を指しますので注意してください。

倍率方式での宅地の評価

| 固定資産税評価額 | × | 評価倍率 |

（計算例）　固定資産税評価額1,500万円／倍率1.1倍の宅地の評価額
　　　　　　1,500万円×1.1＝1,650万円

固定資産税・都市計画税課税明細書（抜粋）

資産	資産の所在地	地目	地積㎡	当該年度価格（円）	当該年度固定資産税本則課税標準額(円)	当該年度固定資産税課税標準額(円)	固定資産税相当税額(円)	摘要
土地	○○△丁目×番	宅地	150.25	15,000,000	2,500,000	2,375,000	33,250	小規模住宅用地

次に、評価倍率表から固定資産税評価額に乗ずる倍率等の情報を読み取りましょう。

評価倍率表には、各市町村の地域ごとに、「路線価地域か倍率地域かの別」、「借地権割合」、「地目ごとの倍率等」が表示されています。評価する宅地が該当する「適用地域」を探し、適用される倍率を見つけてください。

評価倍率表の見方

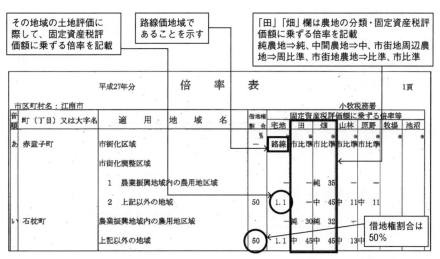

（国税庁ホームページ評価倍率表より作成）

コラム　土地の評価は「1物4価」

土地の価額を評価する方法には、次の4つの方法があります。

① 実勢価額
取引市場で、実際に取引されている平均的な価額です。

② 地価公示価格
一般の人が、売買や資産評価を行う際に、適正価格を判断する客観的な目安として、毎年1月1日時点における価格を国土交通省が3月に発表している評価額です。

③ 相続税評価額（路線価方式・倍率方式）
相続税を計算する際の基となる価額です。

④ 固定資産税評価額
固定資産税を計算する際の基となる価額です。総務大臣が定めた固定資産税評価基準に基づき、各市町村がその価額を決定し、市町村役場にある固定資産課税台帳に登録してあります。

一般的に③、④の評価額は、②地価公示価格よりも低く評価されています。地価公示価格を基準にすると③相続税評価額は、約8割、④固定資産税評価額は約7割になります。そのため、不動産の相続は、預貯金等の相続よりも課税価格が低く抑えられることになります。

4 農地の評価は「倍率方式」と「宅地比準方式」

　農地とは耕作の目的に供される土地をいいます。まずは、農地法における農地区分を確認しておきましょう。農地法では、その土地の営農条件や市街地化の状況から判断して、農地を5区分に分類しています。

① **農用地区域内農地**

　市町村が定める農業振興地域整備計画において農用地区域とされた区域内の農地であり、原則として転用は認められません。

② **甲種農地**

　第1種農地の条件を満たす農地であって、市街化調整区域内の土地改良事業等の対象となった農地（8年以内）等特に良好な営農条件を備えている農地であり、原則として転用は認められません。

③ **第1種農地**

　10ha以上の規模の一団の農地、土地改良事業等の対象となった農地等良好な営農条件を備えている農地であり、原則として転用は認められません。

④ **第2種農地**

　鉄道の駅が500m以内にある等、市街地化が見込まれる農地、または生産性の低い小集団の農地であり、周辺の他の土地に立地することができない場合等は転用が認められます。

⑤ **第3種農地**

　鉄道の駅が300m以内にある等の市街地の区域、または市街地化の傾向が著しい区域にある農地であり、原則として転用が認められています。

これに対して、相続税評価では、農地はその転用可能性によって価額が大きく異なることから、都市計画法による区分も踏まえて、農地を4区分に分類し、その分類に応じて倍率方式・宅地比準方式で評価します（詳細はp.84「宅地比準方式で農地を評価する」）。

① **純農地**
　　純農地とは、次の要件のいずれかにあてはまる農地であり、倍率方式で評価されます。
　　（ア）農用地区域内にある農地
　　（イ）市街化調整区域内の農地のうち、第1種農地・甲種農地に該当するもの
　　（ウ）（ア）、（イ）以外の第1種農地

② **中間農地**
　　中間農地とは、第2種農地に該当するものおよび第2種農地に準ずる農地であり、倍率方式で評価されます。

③ **市街地周辺農地**
　　第3種農地に該当するもの、および第3種農地に準ずる農地であり、宅地比準方式×80%、または倍率方式×80%で評価されます。

④ **市街地農地**
　　既に転用許可を受けた農地、転用許可が不要の市街化区域農地であり、宅地比準方式、または倍率方式で評価されます。

農地の評価上の分類

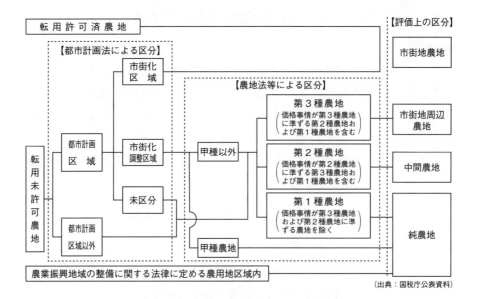

(出典：国税庁公表資料)

5 宅地比準方式で農地を評価する

　市街地農地は、宅地への転用が容易であり、付近にある宅地価額に類似する金額で取引されています。このため、市街地農地の評価額は、その付近にある宅地の評価額に基づき、その宅地とその農地との位置、形状等の条件差を考慮して、その農地が宅地であるとした場合の評価額を算出し、その評価額から農地を宅地に転用する場合の造成費相当額を控除した価額を1平方メートルあたりの価額とします。

宅地比準方式による評価（市街地農地）

（その農地が宅地であるとした場合の1㎡当たりの価額 − 1㎡当たりの宅地造成費）× 地積

宅地造成費（愛知県・平成27年度分）
表1　平坦地の宅地造成費

工事費目		造成区分	金額
整地費	整地費	整地を必要とする面積1平方メートル当たり	500円
	伐採・抜根費	伐採・抜根を必要とする面積1平方メートル当たり	600円
	地盤改良費	地盤改良を必要とする面積1平方メートル当たり	1,300円
土盛費		他から土砂を搬入して土盛りを必要とする場合の土盛り体積1平方メートル当たり	4,300円
土止費		土止めを必要とする場合の擁壁の面積1平方メートル当たり	47,300円

（出典：国税庁公表資料）

　なお、市街地周辺農地は、市街地に近接する宅地化傾向の強い農地のため、宅地比準方式による評価額の80％で評価します。

宅地比準方式による評価（市街地周辺農地）

（その農地が宅地であるとした場合の1㎡当たりの価額 − 1㎡当たりの宅地造成費）× 地積 × 80％
（市街地周辺農地の場合）

ここが難関〜土地評価の基本を理解する〜　ステップ**4**

生産緑地を評価する

　生産緑地とは、生産緑地法に基づき農林漁業と調和した都市環境の保全等の効用を有しているものとして、農地の所有者の同意を得て指定される市街化区域内の農地です。

　生産緑地の指定を受けると、固定資産税が軽減される、相続税・贈与税の納税猶予の特例が適用できるなどの税制上のメリットがありますが、一方で、指定を受けた場合には、所有者はその土地を農地として管理（耕作を継続）しなければならず、売却や建物の建築等が制限されます。

　ただし、いったん生産緑地として指定された農地は、永久に転用できないというわけではありません。一定の要件を満たすことで、生産緑地の指定を解除し、市町村長に生産緑地の買取を申し出ることができるようになります。

①生産緑地地区の指定後30年（旧生産緑地は5年または10年）経過していること

②主たる従事者等の死亡、またはこれに準ずるような事由の発生した場合

　しかし、実際には所有者からの買取申請に対して、買い取られていない場合が多いようです。市町村が買い取らない場合には、買取申出から3ヵ月後に生産緑地地区の指定が解除され、農地転用が可能になります。

　このように生産緑地は、買取申出が可能になるまで、一定の利用制限が課されているために農地の評価が減額されます。

生産緑地の評価

生産緑地の評価額 ＝ その土地が生産緑地でないものとして評価した価額 × (1 − 次のⅠまたはⅡの割合)

Ⅰ　買取申出制度が利用できない場合

課税時期から買取りの申出をすることができることとなる日までの期間	割合
5年以下のもの	10%
5年を超え10年以下のもの	15%
10年を超え15年以下のもの	20%
15年を超え20年以下のもの	25%
20年を超え25年以下のもの	30%
25年を超え30年以下のもの	35%

Ⅱ　買取申出制度が利用できる場合
5％

コラム　賃借権を設定している農地は誰の財産？

【耕作権の評価】

　農地法上の賃借権を設定して、他人から借り入れている農地については、その耕作権（賃借権に基づいて農地を耕作することができる権利）は相続財産となり、次の算式で評価します。

耕作権の評価

| 耕作権の評価額 | ＝ | 自用地評価額 | × | 耕作権割合※ |

※**耕作権割合**

名古屋国税局（平成27年分）	
純農地 中間農地	50%
市街地農地 市街地周辺農地	40%等

（出典：国税庁公表資料）

【貸付農地】

　農地法上の賃借権を設定して、他人に貸し付けている農地については、他人に貸していない土地（自用地）としての評価額（自用地評価額）から耕作権の価額を控除して評価します。

貸付農地の評価（耕作権が設定されている農地）

| 貸付農地の評価額 | ＝ | 自用地評価額 | × | （1 － 耕作権割合） |

以下の貸付農地については、賃借期間が満了すると自動的に貸付農地が返還される等、耕作権としての価格が生じるような強い権利は発生しません。

① 農業経営基盤強化促進法の規定による農用地利用集積計画により設定された賃貸借（いわゆる農地版定期借地権）により貸し付けられている農地

② 農地中間管理機構（いわゆる農地集積バンク）に賃貸借により貸し付けられている農地

③ 10年以上の期間の定めのある賃貸借により貸し付けられている農地

　そのため、これらの貸付農地については自用地評価額に95％を乗じて評価します。

貸付農地の評価（農用地利用集積計画による貸付農地等）

| 貸付農地の評価額 | ＝ | 自用地評価額 | × 95％ |

小規模宅地等の減額特例を利用する
（特定居住用宅地等）

　自宅を相続した遺族が、相続税の支払いのために売却を迫られ、居住を継続できなくなるようなことがないように、相続税の計算上、相続または遺贈によって取得した財産のうち、その相続の開始の直前において被相続人が住んでいた宅地（特定居住用宅地等）については、一定の要件のもとで大幅な評価減が認められています。

　この特例は、居住の継続性を確保し、生活基盤を維持するために設けられている特例のため、適用はその宅地に一緒に住んでいた家族が、その家を相続した場合に限られます。別居していた家族が、相続によって親の家をもらったような場合には適用されませんので注意が必要です。

　この特例を使うことで、特定居住用宅地等は330平方メートル以下の部分について80％の減額が認められており、一般の人が該当する最も効果が大きい節税対策といえます。5,000万円の宅地でも、相続税評価額はたったの1,000万円ということです。これなら仮に、都心に宅地を所有していても、課税価格を基礎控除額以下に抑えることも可能になります。330平方メートルとは約100坪です。100坪もあれば十分な広さの家が建てられます。この特例を使うために100坪以下の土地に豪邸を建てて、そこに家族が同居することが最も効果の高い相続税対策ということができます。

　さらに、この特例、これまでは玄関や住宅の一部が共同になっている住宅しか対象とされていなかったのですが、平成25年度税制改正によって、完全分離型の二世帯住宅も対象とされることになり、使い勝手が改善しています。また、高齢のために老人ホームに入所した場合は、これまではこの特例が適用できなくなっていましたが、平成25年度税制改正によって、被相続人が死亡時に老人ホームにいても、一定の要件を満たせば、特例の対象となることになりました。

小規模宅地等の減額特例〜特定居住用宅地等〜

宅地区分	限度面積	減額割合
特定居住用宅地等	330㎡	80%

区分	取得者	適用要件
被相続人の居住の用に供されていた宅地等	被相続人の配偶者	▶ 無条件で適用対象となります。
	被相続人と同居していた親族	▶ 相続開始の時から相続税の申告期限まで、引き続きその家屋に居住し、かつ、その宅地等を保有していること。
	被相続人と同居していない親族	▶ 被相続人の配偶者または相続開始直前において、被相続人と同居していた親族で被相続人の相続人である人がいないこと。 ▶ 相続開始前3年以内に国内にある自己または自己の配偶者の所有する家屋に居住したことがないこと。 ▶ 相続開始時から相続税の申告期限まで、その宅地等を保有していること。 ▶ 相続開始時に被相続人もしくは相続人が、日本国内に住所を有していること、または、相続人が日本国内に住所を有しない場合で日本国籍を有していること。
被相続人と生計を一にしていた親族の居住の用に供されていた宅地等	被相続人の配偶者	▶ 無条件で適用対象となります。
	被相続人と生計を一にしていた親族	▶ 相続開始直前から相続税の申告期限まで、引き続きその家屋に居住し、かつ、その宅地等を保有していること。

小規模宅地等の減額特例を利用する
（特定事業用宅地等）

　自宅と同様に、相続によって取得した宅地で相続開始の直前において被相続人の事業（不動産貸付業等を除く）のために使用されていた宅地（特定事業用宅地等）は、事業存続の基盤を守るために、相続税の計算上、一定の要件のもとで、大幅な評価減が認められています。

　この特例を使うことで、特定事業用宅地等については、400平方メートル以下の部分については、80％の減額が認められており、非常に節税効果が高いため、適用できるように遺産分割を検討するべきです。

① **事業承継者が宅地を取得する**

　この特例は、事業存続の基盤を守るための特例であり、被相続人の事業を引き継ぐ人が、その宅地を取得しない場合には適用はできません。仮に、事業承継者が、事業用宅地を取得しない場合でも、共同相続について検討してください。事業用宅地を取得した人の中に、事業承継者が含まれていれば適用要件を満たし、その宅地全体について80％減額が認められます。

② **申告期限まで事業を継続する**

　相続税の申告期限までに必ず事業を承継し、申告期限まで事業を継続していることが適用要件です。あくまで、申告期限までの継続が要件とされているだけであり、申告期限を過ぎれば事業を廃業しても問題はありません。

③ **申告期限まで宅地を保有する**

　相続開始時から相続税の申告期限まで、引き続きその宅地を保有していることが適用要件です。こちらも、申告期限までの保有が要件とされているだけであり、申告期限を過ぎれば売却しても問題はありません。

小規模宅地の減額特例～特定事業用宅地等～

- 小規模宅地等の減額特例は、建物・構築物の敷地の用に供されている土地が対象のため、農地は適用対象外です。
- 農機具置場・作業場・農業用倉庫などの建物の敷地は適用対象となります。

宅地区分	限度面積	減額割合
特定事業用宅地等	400㎡	80%

区分	取得者	適用要件
被相続人の事業を相続開始後に事業承継する場合	事業を承継する親族	▶ 事業承継要件 その宅地等の上で営まれていた被相続人の事業を、相続税の申告期限までに承継し、かつ、その申告期限までにその事業を営んでいること。
		▶ 保有継続要件 相続開始時から相続税の申告期限まで引き続きその宅地等を保有していること。
被相続人と生計を一にしていた親族の事業の用に供されていた場合	被相続人と生計を一にしていた親族	▶ 事業承継要件 相続開始前から相続税の申告期限まで、引き続きその宅地等を自己の事業の用に供していること。
		▶ 保有継続要件 相続開始時から相続税の申告期限まで引き続きその宅地等を保有していること。

コラム 貸付用宅地に小規模宅地等の減額特例を使う

　不動産貸付事業等に利用されている宅地については、事業として不動産の貸付が行われている場合でも、特定事業用宅地等として80％の減額特例を適用することはできず、貸付事業用宅地等として、200平方メートル以下の部分について50％の減額が認められています。

小規模宅地等の減額特例〜貸付事業用宅地等〜

宅地区分	限度面積	減額割合
貸付事業用宅地等	200㎡	50％

区分	取得者	適用要件
被相続人の貸付事業の用に供されていた宅地等	被相続人の親族	▶ 事業承継要件 その宅地等に係る被相続人の貸付事業を、相続税の申告期限までに承継し、かつ、その申告期限までその貸付事業を営んでいること。 ▶ 保有継続要件 相続開始時から相続税の申告期限までその宅地等を保有していること。
被相続人と生計を一にしていた親族の貸付事業の用に供されていた宅地等	被相続人の親族	▶ 事業承継要件 相続開始直前から相続税の申告期限まで、引き続きその宅地等に係る貸付事業を営んでいること。 ▶ 保有継続要件 その宅地等を相続税の申告期限まで保有していること。

9 貸家にすることで財産の評価額を減額する

　現在、住んでいる家屋の相続税評価額は、固定資産税評価額と同額です。しかし、これを貸家として人に貸している場合には、その家屋の評価額は、固定資産税評価額から借家権の価格を控除した価格になります。借家権割合は30%と定められていますので、貸家にすることによって家屋の評価額を3割引き下げることができます。

貸家の評価

　さらに、貸家にすることによって減額できるのは家屋の評価額だけではありません。自分の土地の上に建てた家屋を他人に貸し付けている場合には、その敷地として利用している土地（貸家建付地）の評価額も減額されます。貸家建付地の評価額は、自用地の評価額から、自用地の評価額に借地権割合と借家権割合を乗じた額を控除した価格になります。

貸家建付地の評価

ステップ 5

農協職員だから必要な知識
~農業継続に有用な農地等の納税猶予の特例~

土地の評価についても理解が深まってきた鈴木さん、今日は楽しみにしていた年金友の会のバス旅行で、ぶどう狩りに来ています。隣の席の佐藤さんは、年金友の会のバス旅行で何度も顔を合わせている顔馴染みです。これまで、現役農家として農業経営を続けてきた佐藤さんも寄る年波には勝てず、そろそろ引退を考えているようです。

佐藤さん：「政府は、農業を成長産業にするなんて言って、農家の所得を倍増するなんて景気のいいことを言っているけど、我々農家の生活はぜんぜん変わらないねぇ。」

鈴木さん：「まだまだ現役で農家を続けている佐藤さんは立派ですよ。今年の米の出来はどうですか？」

佐藤さん：「出来自体は悪くないんだけどね、、、ここ数年の米価の下落は深刻だね。正直にいって、これ以上農家を続けていくことはむずかしいかな。体もそろそろ無理がきかなくなってきているしね。」

鈴木さん：「そうですか、、、」

佐藤さん：「でも、先祖代々受け継いできた農地だからね、どうしたらいいのか悩んでいるんですよ。息子は、継いでもいいって言ってくれているんですけどね。贈与税だとか、相続税だとか考えると、税金払うためにいくらか農地を売らないといけないのかな、、、農家の規模拡大といいながら、税金を払うために農地を売ったんじゃ、本末転倒じゃないのかな。税金の仕組みって、私みたいな年寄りにはよくわからないねぇ」

鈴木さん：「農地のことなら農協さんに相談したらどうですか？家に来ている村田さんなんですが、いろいろ調べて対応してくれるので、助かってますよ。」

佐藤さん：「そうなんですね。家に来ている担当者はまだ若くてね、なにかあると共済入ってくれって、そればかりでね、、、。」

鈴木さん：「それなら村田さんに話してみるといいですよ。親身になって考えてくれるいい青年ですよ。」

農協職員として、組合員の農地の相続相談にのることで、農地・農業が次世代に円滑に承継されるように支援することが必要です。

1 農地等の納税猶予の特例を利用する

　農地ならびに準農地（農地等）の円滑な承継を税制面で支援するために、農地等の贈与及び相続には、納税猶予の特例制度が設けられています。これらの特例は、相続によって農地等が細分化されてしまうことを回避するために設けられた特例であり、特に都市農地を承継しようと考える農家の相続にとっては、非常に重要な特例であるため十分な理解が必要です。

【贈与税の納税猶予】

　農業を営む人（贈与者）が、その農業のために利用している「農地等の全部」を農業後継者としての推定相続人（現状のままで相続が開始した場合に相続人になるであろう人）の1人に生前一括贈与した場合には、農業後継者に課税される贈与税の納税を猶予し、贈与者または受贈者のいずれかが死亡したときに、納税が免除されるという制度です。贈与者の死亡により贈与税の免除を受けた場合には、その農地等を贈与者の相続財産に加算して相続税の計算を行うことになります。

【相続税の納税猶予】

　相続等により、被相続人が農業のために使用していた農地等を取得した相続人が、これらの農地等を引き続き使用して農業を継続していく場合には、農地等の価格のうち純粋な農地としての価格（詳細はp.101（コラム）「農地等の評価（農業投資価格）はこんなに低い」）を超える部分に対応する相続税については、納税猶予期限まで納税を猶予し、その期限が到来したときに相続税が免除されるという制度です。

納税猶予の免除

免除事由	免除額
農業相続人が死亡した場合（終身営農を行った場合）（※1）	納税猶予分の相続税の全額
農業相続人が、特例適用農地等の全部について、贈与税の納税猶予制度により、後継者に生前一括贈与した場合	納税猶予分の相続税の全額
農業相続人が、特例適用農地等の一部（採草放牧地の1/3以下を贈与しない場合等）について、贈与税の納税猶予制度により、後継者に生前一括贈与した場合	納税猶予分の相続税のうち、生前一括贈与に対応する部分の額
農業相続人が、特例適用農地等のうち、市街化区域内農地等について20年間営農を継続した場合（※2）	納税猶予分の相続税のうち、特例適用農地等の市街化区域内農地等に対応する部分の金額

※1 平成21年度税制改正前の旧制度が適用される市街化区域外の農地等（平成21年12月14日以前に発生した相続等により取得した農地）については、20年間営農を継続した場合に納税猶予額が免除されます。
　　ただし、特定貸付けを行った相続人については、20年営農を継続した場合の免除は適用されず、終身営農となります。

※2 都市営農農地等（三大都市圏の特定市の生産緑地）を有する農業相続人は、市街化区域内農地等を有する場合にも20年営農の規定は適用されず、保有するすべての特例適用農地等について終身営農となります。

　この贈与税・相続税の納税猶予を相互に接続することで、代々の営農継続が税制面で支援されます。

贈与税と相続税の納税猶予の関係

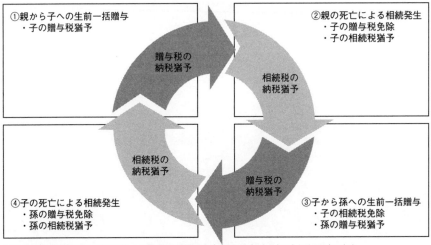

※贈与税の納税猶予を受けた農地に限って相続税の納税猶予を受けることができるというわけではないため、両制度は必ず接続させなければならないものではありません。

これらの特例は、農業経営を継続させるために設けられた特例であるため、遊休農地に対しては適用することができません。さらに、三大都市圏の特定市（東京都の特別区、首都圏・近畿圏・中部圏内にある市の区域）の市街化区域内農地（生産緑地地区を除く）も納税猶予制度の対象外となるため注意が必要です。

コラム 農地等の評価（農業投資価格）はこんなに低い

農業投資価格とは、農地等が恒久的に農業用に使用される場合に取引が成立する価格として公示された価格をいい、各都道府県別に公表されています。

農業投資価格（田・畑）

(単位：千円/10アール)

都道府県名	田	畑	採草放牧地	都道府県名	田	畑	採草放牧地
北海道地方				愛知県	850	640	―
北海道	300	136	54	近畿地方			
（中央ブロック）	236	117	45	三重県	720	520	―
（南ブロック）	169	55	21	滋賀県	730	470	―
（北ブロック）	169	73	27	京都府	700	450	―
（東ブロック）				大阪府	820	570	―
東北地方				兵庫県	770	500	―
青森県	400	180	85	奈良県	720	460	―
岩手県	445	215	95	和歌山県	680	500	―
宮城県	550	270	125	中国地方			
秋田県	500	175	95	鳥取県	680	370	150
山形県	540	235	105	島根県	580	295	110
福島県	510	255	110	岡山県	710	400	160
関東地方				広島県	660	360	140
茨城県	750	625	―	山口県	610	290	110
栃木県	745	620	―	四国地方			
群馬県	790	660	―	徳島県	680	330	―
埼玉県	900	790	―	香川県	740	360	―
千葉県	790	780	490	愛媛県	700	340	―
東京都	900	840	510	高知県	615	287	―
神奈川県	830	800	510	九州地方			
中部地方				福岡県	770	440	―
新潟県	660	265	―	佐賀県	710	400	―
富山県	580	260	―	長崎県	550	320	―
石川県	570	260	―	熊本県	730	420	―
福井県	580	260	―	大分県	530	330	―
山梨県	700	530	280	宮崎県	580	410	―
長野県	730	490	―	鹿児島県	510	400	―
岐阜県	720	520	―	沖縄地方			
静岡県	810	610	―	沖縄県	220	230	―

(出典：国税庁公表資料「財産評価基準書」をもとに作成)

2 生前に贈与税の納税猶予の特例を利用する

　農地等の細分化を防止するために、農業後継者（推定相続人の1人）に農地等を生前一括贈与する場合には、贈与税の納税が猶予されます。これによって、生前における農業後継者への農地等の一括贈与を促進し、相続時に遺産分割協議によって、農地等が細分化されること、または納税資金対策として農地等が売却されることを回避し、農業経営の継続を支援しています。

　この特例を利用するためには、農地等の受贈者にも要件があり、以下の要件を満たす受贈者への贈与にしか適用できないため注意が必要です。

① 推定相続人であること
② 農地等を取得した日の年齢が18歳以上であること
③ 農地等を取得した日までに引き続き3年以上農業に従事していたこと
④ 農地等を取得した日以後、速やかに農業経営を行うこと

　贈与税の納税猶予は、農業経営の継続のために設けられた特例であり、その趣旨に反するような事実（適用農地の売却、農業経営の廃止）がある場合には、納税猶予が打ち切られ、納税猶予額と利子税を納付しなければなりません。

【全部打ち切りになる場合】
① 特例適用農地等の面積の20％超の譲渡、贈与、転用、耕作の放棄等をした場合
② 受贈者が特例適用農地等に係る農業経営を廃止した場合
③ 3年ごとの納税猶予の継続届出書を提出しなかった場合　など

【一部打ち切りになる場合】

① 特例適用農地等の一部を収用等により譲渡した場合
② 特例適用農地等の面積の20％以下の譲渡をした場合
③ 生産緑地地区内の農地について買取申出をした場合　など

3 相続税の納税猶予の特例を利用する

　農業経営を行っていた被相続人から、農業経営を行う相続人へ農地を相続する場合に、相続税の納税のために農地の一部または全部を売却することになっては、農業経営の継続性を確保することができないため、相続税の納税を猶予することで、農業経営の継続性を税制面から支援しています。
　この特例を適用するためには、被相続人および農地を相続する相続人が、以下の要件を満たしていることが必要です。

【被相続人】
① 死亡の日まで農業を営んでいた個人
② 贈与税の納税猶予を適用して、農地等の生前一括贈与をした個人
③ 市街化区域外の農地について、死亡の日まで特定貸付け（詳細はp.107コラム「農地等の貸付けにより納税猶予を継続する」）を行っていた個人

【農地を相続する相続人】
① 相続税の申告期限までに農業経営を開始し、その後も引き続き農業経営を行うと認められる個人
② 贈与税の納税猶予を適用した農地等の受贈者で、贈与者の死亡により農地等の受贈者が、その農地等を相続・遺贈により取得したものとみなされる場合において、相続税の申告期限後も引き続き農業経営を行うと認められる個人
③ 市街化区域外の農地について、相続税の申告期限までに特定貸付を行ったときにはその個人

　相続税の納税猶予についても贈与税と同様に農地等を売却もしくは、農業経営を廃止した場合には、納税猶予が打ち切られ納税猶予額と利子税を納付しなければなりません。実際に、納税猶予が打ち切られた場合には、

利子税の金額だけでも相当な額になるケースも多く、相続人が終身営農する意思があるかどうかを考慮して納税猶予の特例を受けるか否かを検討することが必要です。

【全部打ち切りになる場合】
① 特例適用農地等の面積の20%超の譲渡、贈与、転用、耕作の放棄等をした場合
② 農業相続人が特例適用農地等に係る農業経営を廃止した場合
③ 3年ごとの納税猶予の継続届出書を提出しなかった場合　など

【一部打ち切りになる場合】
① 特例適用農地等の一部を収用・交換等により譲渡等した場合
② 特例適用農地等の面積の20%以下の譲渡等をした場合
③ 生産緑地地区内の農地について買取申出をした場合　など

コラム　相続税の納税猶予の特例は、自給的農家でも適用できます

　農地等に対する相続税の納税猶予が使える「農業を営んでいた個人」（被相続人）、「農業経営を行う個人」（農業相続人）とは、耕作・養畜を反復・継続的に行う個人をいい、その生産物を自家消費にあてている場合、会社・官庁等に勤務するなど他に職を有している場合、他に主たる事業を有している場合も含まれます。

　また、特定農業団体等に農作業の一部を委託している場合にも、実質的に農業経営を委託したと認められる場合を除いて、納税猶予制度の適用が可能です。

　さらに、被相続人が死亡の日まで農業を営んでいない場合においても、次の場合にはその被相続人は「農業を営んでいた個人」に該当するものとして取り扱われます。

① 被相続人が、相当の期間にわたり農業経営を行っており、老齢・病気のため、住居および生計を一にする親族に農業経営を移譲していた場合

② 被相続人が、生前に特例付加年金（旧経営移譲年金）の支給を受けるため、親族に農業経営を移譲していた場合

コラム 農地等の貸付けにより納税猶予を継続する

市街化区域外の農地等は、農業経営基盤強化促進法等に基づき、土地中間管理事業、農地利用集積円滑化事業、利用権設定等促進事業（農地利用集積計画）により貸付ける「特定貸付け」についても、納税猶予が適用されます。この特例は、対象となる農地等が市街化区域外の農地等に限定されるため注意が必要です。

特定貸付けの特例

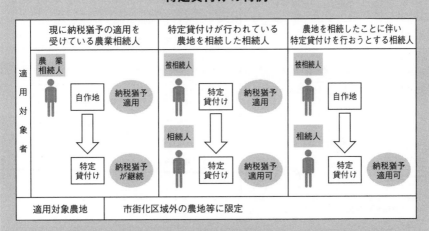

また、重度の障害や老衰により、営農困難な状態になった場合は、貸付けを行うことで納税猶予が継続されます。この特例は、納税猶予の適用を受けているすべての農地等が対象になります。

営農困難時貸付けの特例

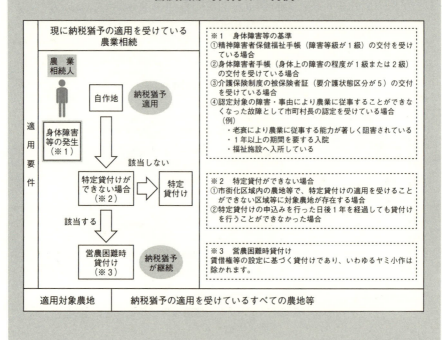

ステップ **6**

組合員の不安に寄り添う
～相続発生後のスケジュールと手続き～

年の瀬が迫り、世間が慌しくなってきた頃、村田さんのもとに1本の電話が入ります。

村田さん：「はい、村田です」
鈴木さんの長男：「鈴木です。親父が亡くなりまして、、、村田さんには生前いろいろとお世話になっていましたので、お知らせしておこうと思いまして、、、」
村田さん：「えっ、、それは、誠にご愁傷様です。お母様はさぞかしお力落としのことと思います。しっかりと支えてあげてください。」

　数日後、再度、鈴木さんの息子さんから村田さんに電話が入ります。

鈴木さんの長男：「これから、相続に関する手続きを進めていかなくてはいけないのですが、正直、どこから手をつければいいのか、わからなくて困っています。初七日までは、葬儀屋さんのほうでいろいろ仕切ってもらっていたので、何とか無事に済ますことができたのですが、、、相続に関して、また相談にのってもらえませんでしょうか？」
村田さん：「もちろんです。相続については、しっかりとスケジュールを把握して、手続きを進めていかないと、減額特例などが、使えなくなってしまうので、注意が必要です。まずは、スケジュールと必要な手続きを整理しましょう。」
鈴木さんの長男：「やっと初七日が終わったら、今度は相続。遺族はゆっくり故人を偲ぶこともできませんね。誰かが、遺族は慌しすぎて悲しんでいる暇もないって、言ってましたが、本当ですね。」
村田さん：「そういえば、お父様は生前に遺言書を残していたと思いますが、ご覧になりましたか？」

　生前に鈴木さんが残した遺言書の付言事項には、村田さんのアドバイスどおり、家族に対する思いがしっかりと書かれていた、とのことです。そして、最後に「これから始まる相続に関して、何かわからないことがあれば、

農協の村田さんに相談しなさい」と書いてあったそうです。それを聞いた村田さんは、目頭が熱くなるのを感じました。農協職員をやっていてよかった。心から、それを実感することができました。

> **ポイント**
> 農協の渉外担当者として、相続発生後の手続きの流れを理解し、組合員からの相談に対して、適切に答えられるようにしておくことが必要です。

1 相続発生後のスケジュールと手続きを把握しておきましょう

相続発生後のスケジュールと手続き

10ヶ月以内

4ヶ月以内

3ヶ月以内

① 相続発生（死亡）

② 死亡届

③ 相続財産・債務の調査

④ 相続人の確認

⑤ 遺言書の有無の確認

⑥ 生産緑地の買取申出の検討

⑦ 農地の納税猶予の検討

相続発生後の手続については、3ヶ月、4ヶ月、

組合員の不安に寄り添う〜相続発生後のスケジュールと手続き〜　ステップ6

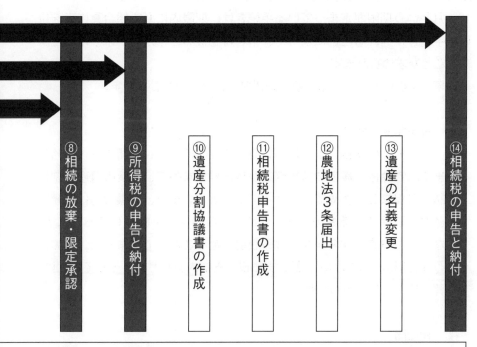

⑧相続の放棄・限定承認
⑨所得税の申告と納付
⑩遺産分割協議書の作成
⑪相続税申告書の作成
⑫農地法3条届出
⑬遺産の名義変更
⑭相続税の申告と納付

10ヶ月という期限を覚えておいてください

2 相続発生後の手続きを把握する

　農協職員は、相続発生後に必要となる手続きの内容を把握し、組合員に適切な助言ができるようにしておきましょう。特に相続から3ヶ月、4ヶ月、10ヶ月という期限が定まっている手続きは、期限内に必ず組合員に声を掛け、手続きが遅れることによって、不利益を被ることがないように、配慮することが求められます。

　相続発生後に必要となる手続きの概要は、以下のとおりです。

① **相続発生（死亡）**

　　被相続人の死後、まずはご葬儀・通夜の準備をし、関係者へ連絡します。ご葬儀・通夜には相続人が集まりますので、今後の遺産分割協議の日程などを決めておくとよいでしょう。また、葬儀費用は相続財産から控除できるものもあるため、領収書などを整理しておきます。なお、お布施、戒名料などは領収書をとることができません。このような費用は、支払先、金額、支払日、支払内容などをメモしておけば、葬式費用として認められます。

② **死亡届**

　　遺族は、死後7日以内に死亡診断書を添付して、市区町村長へ提出しなければなりません。なお、年金受給者死亡届は、年金事務所（または役所）へ10日以内（国民年金は14日以内）に年金証書を添付して提出します。

③ **相続財産・債務の調査**

　　被相続人の相続財産・債務を調査して、相続を放棄するかどうかを決めます。亡くなった後に、相続財産・債務を把握するのは困難な場合が多いので、農協職員は、組合員に対して生前に把握しておくよう

に助言することが必要です。土地、有価証券など専門的な評価が必要となる相続財産については、評価方法について、税務署や税理士に相談するようにしましょう。被相続人の相続財産・債務が把握できたら、財産を一覧にした財産目録を作成します。このとき、被相続人が生命保険に入っていれば、保険会社に連絡し保険金を受け取ります。

④　**相続人の確認**

　相続人を確定するために戸籍の調査をします。被相続人と相続人の本籍地から、被相続人については、出生時から死亡時までの連続した戸籍（戸籍全部事項証明書、除籍全部事項証明書、改製原戸籍謄本等）のすべてを、相続人については、現在の戸籍全部事項証明書を取り寄せます。遺産分割協議後に新たな相続人の存在が明らかになった場合には、分割協議が無効になってしまうため、相続人の確認は慎重に行うことが必要です。

⑤　**遺言書の有無の確認**

　遺言書には、被相続人の遺産分割・遺贈に関する意思、子供の認知などが記載されている可能性があり、その内容によっては、相続手続きに重要な影響（相続財産の減少、法定相続人の増加など）を与えます。そこで、遺族は被相続人が残した遺言書の有無を確認することが必要になります。公正証書遺言以外の遺言書がある場合には、開封に際して、家庭裁判所で検認を受けなければなりませんので、組合員に対して勝手に開封しないように助言していくことが重要です。

⑥　**生産緑地の買取申出の検討**

　農業の主たる従事者が死亡した場合には、土地所有者は市区町村長に対して買取申出をすることができます。申出期限は特に定められていませんが、生産緑地を売却して相続税の納税資金を作る場合には、早めに申出を行う必要があります。買取申出をすると、市区町村はその土地の買取を判断することになります。市区町村が買い取らない場

合には、申出から3ヶ月経たなければ売却することができません。

⑦ **農地の納税猶予の検討**
　農業を継続する場合には、相続税の納税猶予の適用を検討します。相続税の免除には終身営農が条件になっているため、相続人の終身営農に対する意識を確認し、納税猶予の適用を検討します。また、納税猶予の適用を受けるためには、事前に遺産分割協議が済んでいることが条件になるため、注意が必要です

⑧ **相続の放棄・限定承認の決定**
　相続人は、被相続人の相続財産を相続するか否かを、被相続人が死亡したことを相続人が知ってから3ヶ月以内に決めなければなりません。この際、遺産より債務が多い場合には、債務を引き継がないために相続放棄するか、限定承認を選択することができます（詳細はp.119「相続放棄と限定承認」）が、家庭裁判所に申し立てる必要がありますので注意が必要です。この申し立てが期限内になされなければ、借入金などの債務も自動的に相続人が引き継ぐことになります。農協職員として借入金の多い組合員の相続については、相続人に対して相続の意思を確認し、適切な助言をしましょう。

⑨ **所得税の申告と納付**
　被相続人に本人が死亡した年の1月1日から死亡した日までの所得がある場合には、被相続人が亡くなった日から4ヶ月以内に所得税の申告（準確定申告）をする必要があります。なお、相続人が2人以上いる場合、相続人が連署により準確定申告書を提出することになります。この申告を忘れたり、遅れたりすれば納める税金が増加します。農協職員は、申告が済んだかどうか必ず組合員に声を掛けましょう。

⑩ **遺産分割協議書の作成**
　誰が何を相続するのかを決め、相続人の間で遺産の分割を定めた書

面を作成します。この書面には、相続人全員による記名・捺印（実印）および印鑑証明書の添付が必要になります。

⑪ **相続税申告書の作成**
納税資金を準備し、必要に応じて延納、物納による相続税納付の必要性を検討します。

⑫ **農地法3条届出**
相続により農地等を取得した者は、遅滞なく届出をする必要があります。

⑬ **遺産の名義変更**
相続人が相続した不動産の相続登記や預貯金、有価証券の名義書き換えをします。

⑭ **相続税の申告と納付**
相続税の申告と納税は、被相続人が死亡した日から10ヶ月以内に被相続人の死亡当時の納税地の税務署で行います。結果として、相続税がかからない場合でも、小規模宅地等の減額特例や配偶者の税額軽減等を適用する場合には、申告が必要となるので注意が必要です。農協職員は組合員が期限内に相続税を申告したかどうか確認しておきましょう。

これらの手続きのなかで特に重要なものについて、次項から確認していきましょう。

コラム　遺産分割協議はお早めに

　相続後、被相続人の財産は相続人全員の共同相続財産となります。遺産分割は、この共有状態の解消を目的とした遺産の配分手続です。遺産が相続人全員の共有になっている間は、各相続人が単独でこれを利用することができません。つまり、相続人の1人が相続財産の売却、賃貸、担保の設定等をしたいと思っても、他の相続人の同意がなければできません。また、金融機関は被相続人名義の口座に関する払い戻しに応じてくれないため、葬式費用が払えない、納税資金に充当できないなどの問題が発生します。そのため、遺産分割の期限は特に定められていなくとも、遺産分割を早めに終わらせる必要があります。

　特に、遺産分割が確定していないと「配偶者の税額軽減」や「小規模宅地等の減額特例」といった相続税の節税効果の高い特例を活用することができなくなるため、少なくとも相続税の申告期限（相続開始から10ヶ月以内）までに遺産分割を終わらせましょう。

3 相続放棄と限定承認

　相続では、プラスの相続財産だけではなく、マイナスの相続財産も含めた正味の財産を引き継がなければなりません。つまり、被相続人に借金があれば、相続人はその借金を引き継ぎ支払わなければなりません。そのため、相続人には財産の相続方法として、次の3つの方法があり、相続人が相続の発生があったことを知った時から3ヶ月以内にいずれかを選択する必要があります。

① **単純承認**
　単純承認した場合には、相続人が被相続人の財産の所有権等の権利や借金等の義務をすべて受け継ぎます。被相続人のプラスの相続財産がマイナスの相続財産を上回っている場合には、相続人は全財産を相続する単純承認を選択することが多いです。

② **限定承認**
　限定承認した場合には、相続人が相続した財産の限度で、被相続人の債務の負担を受け継ぎます。この承認方法は、被相続人の債務がどの程度あるか不明である場合には有効です。相続をしてから多額の借金がみつかり、マイナスの相続財産がプラスの相続財産を上回ってしまったというケースも少なくありません。このような場合に備えて、限定承認にしておくと相続したプラスの財産をマイナスの財産が超える部分については、返済する必要がなく、一方で、プラスの財産が多かった場合には、そのまま相続できる非常に便利な制度です。しかし、限定承認を選択する場合には、相続人は相続の発生を知った日から3ヶ月以内に家庭裁判所に申述する必要があります。さらに、個々の相続人が単独で限定承認を選択することは認められず、相続人全員が共同して限定承認を選択しなければなりません。

③ 相続放棄

相続放棄した場合には、相続人は被相続人の権利や義務を一切引き継ぎません。プラスの財産よりもマイナスの財産のほうが大きいことが明らかな場合には、相続放棄したほうがよいでしょう。相続放棄を選択する場合には、相続人は相続の発生を知った日から3ヶ月以内に家庭裁判所に申述する必要があります。ただし、限定承認と異なり相続放棄は各相続人が単独で選択することが可能です。

なお、相続放棄や限定承認は申述がなければ認めてもらえず、相続発生後に何もせずに3ヶ月が経過した場合には、マイナスの財産を含めた全財産を無条件で引き継ぐ単純承認になってしまいます。

遺産分割協議書を作成する

　相続人の間で、遺産分割に関する話し合いがまとまったら、後々の紛争を防ぐために遺産分割協議書を作成しましょう。遺産分割協議書は、相続税申告書に添付する必要があり、不動産の相続登記や貯金の名義変更にも必要となります。

　この遺産分割協議書に法令等で定められた形式はなく、相続財産の明細とそれを取得した人が明確になっていれば問題ありません。必要なのは、遺産分割協議書に相続人全員が記名・捺印（実印）することです。何も相続しない相続人も記名・捺印が必要ですので注意してください。

　一旦、遺産分割協議書が作成された後で、新たな相続財産が発見された場合には、その財産についても再度相続人全員で話し合い、遺産分割協議書を作成しなければなりません。そこで、遺産分割協議書には、現在判明していない遺産が後日見つかった場合には、誰がこれを取得するのかを記載しておくことが重要です。こうしておけば、再度、遺産分割協議書を作成する手間がなく、後々のトラブルが発生することを回避することができます。

遺産分割協議書（例）

遺産分割協議書

被相続人　鈴木一郎
本　　籍　愛知県江南市○○町△丁目○番○号
住　　所　愛知県江南市○○町△丁目○番○号
生年月日　昭和○年○月○日
相続開始日　平成27年2月1日

被相続人　鈴木一郎の遺産については、同人の共同相続人である鈴木花子、鈴木太郎及び鈴木次郎の全員で分割協議を行い、下記の通り分割し、取得する事に合意した。

1．相続人 鈴木花子 が取得する財産
　　（1）生命保険金　○○生命保険　死亡一時金　XXX-XXXXX号

2．相続人 鈴木太郎 が取得する財産
　　（1）JAバンク　JA愛知北　江南支店 普通預金 口座番号XXXXX

3．相続人 鈴木次郎 が取得する財産
　　（1）土地
　　　　所在及び地番　　愛知県江南市○○町○○XX番地
　　　　地　　目　宅地
　　　　地　　積　XXXX㎡

4．相続人 鈴木花子 が負担する債務
　　（1）住 民 税　平成26年分　　　　　XXX,XXX　円
　　（2）葬式費用　○○葬儀社　　　　　 XXX,XXX　円

5．本協議書に記載なき遺産並びに後日判明した遺産は、
　　相続人で別途分割協議を行いこれを取得する。

上記のとおり相続人全員による遺産分割協議が成立したので、これを証するため本書を作成し、以下に各自署名押印する。

　　　　　　　　　　　　　　　　　平成　　　年　　　月　　　日

愛知県江南市○○町○○XX番地　　　相続人　鈴木花子　　印

東京都港区○○一丁目XX番XX号　　　相続人　鈴木太郎　　印

愛知県江南市○○町○○XX番地　　　相続人　鈴木次郎　　印

5 遺言書の内容と異なる遺産分割をする

　被相続人が、特定の遺産を特定の法定相続人に相続させる遺言を残している場合には、原則として、遺産分割方法の指定とされ、相続発生と同時に遺産分割を要せず、遺言によって指定された法定相続人が、当然にその遺産を取得することになります。ただし、相続人全員（遺贈の受取人を含む）が同意している場合には、遺言と異なる遺産分割をすることは可能です。

　ここで注意が必要なのは、遺言によって遺言執行者（遺言の内容を実行する権限を持っている者）が指定されている場合です。遺言執行者がいる場合には、相続人は遺産に対する管理処分権を喪失し、遺言執行者が管理処分権を有します。したがって、各相続人に遺産の管理処分に関する主導権はありません。つまり、相続人全員の同意があるからと言って、遺言執行者に無断で遺言とは異なる内容の相続手続きを進めることはできません。遺言執行者を加えたうえで遺言とは異なる遺産分割協議を成立させる必要があります。

　一方で管理処分権を持つ遺言執行者は、相続人全員の合意のもとに遺言内容と異なる分割を求められたとしても、遺言に基づいた執行をすることができます。

コラム 遺言書で贈られた遺産（遺贈）を受け取らない？

　被相続人は遺言書によって、その財産の全部または一部を法定相続人または法定相続人以外の人に無償で贈与（遺贈）することができます。遺贈の効力は、遺言者が死亡した時に発生し、当然に受贈者に所有権が移転します。

　しかし、遺贈は遺言者の一方的な意思表示によって始まりますから、相続財産の受贈者は遺言書に従って相続財産を取得するのか、全部または一部を放棄するのかを単独で決めることができます。つまり、遺言によって財産を贈られた法定相続人以外の人が、相続争いに巻き込まれることを嫌い、遺産の取得を望まないような場合にはこれを放棄することができます。

　なお、遺贈の放棄があった場合には、最初から遺言がなかったこととなり、遺産分割協議により他の相続人間で自由に遺産分割ができるようになります。

コラム　遺言書の保管場所はどこか？

　遺言書は、見つからなければ効力は発生せず、遺言書がないものとして遺産分割協議を実施します。しかし、遺産分割協議が整った後に遺言書が見つかり、その遺言書に協議内容と異なる遺産分割方法の指定があると、遺産分割協議をやり直すことになったり、相続人間でのトラブルにつながりかねません。遺言書の有無は遺産分割協議前に確認しておくべき重要な項目の1つです。実際には、遺言書がどこに保管されているのかは人それぞれですが、これまでの経験から次のような場所を探してみると遺言書が見つかるかもしれません。

【公正証書遺言】

　公正証書遺言の場合、原本は公証役場に20年間保管されていますので探すのは簡単です。コンピューターで検索できるシステムになっているため、どこの公証役場で手続きしたかわからなくても、近くの公証役場に問い合わせればわかります。

【自筆証書遺言】

　自筆証書遺言の場合、秘密性が高いので被相続人から話を聞いていない場合には、相続人がこれを見つけるのは大変です。一般に次のような場所に保管されています。
　　①仏壇や箪笥の引き出しにしまっている
　　②銀行の貸金庫に預けている
　　③弁護士、税理士、行政書士などに預けている
　　④信頼できる友人・知人に預けている
　　⑤菩提寺の住職に預けている

【秘密証書遺言】

　秘密証書遺言の場合、遺言書が公証役場に保管されることはなく、作成したことだけが公証役場の記録に残ることになります。そのため、遺言書の在り処を探すという点については、自筆証書遺言と同じです。

6 相続税を申告・納税する

　相続税の申告書の提出期限（申告期限）は、相続の開始があったことを知った日（通常は被相続人が死亡した日）の翌日から10ヶ月目の日です。相続人は、申告期限内に被相続人の死亡時における住所地を所轄する税務署長（相続人の住所地を所轄する税務署長ではありませんので、被相続人と相続人が離れて暮らしていた場合には注意が必要です）に相続税の申告書を提出しなければなりません。申告書の提出期限に遅れて申告と納税をした場合には、原則として、加算税および延滞税がかかりますので注意してください。

　相続税の申告書は同じ被相続人から相続、遺贈によって財産を取得した人が共同で作成して提出することができます。しかし、これらの人の間で連絡が取れない場合や、その他の事由で共同で申告書を作成して提出することができない場合には、別々に申告書を提出しても差し支えありません。

　さらに、相続人は相続税の納税を申告期限までに行わなければなりません。納税は、税務署だけではなく金融機関や郵便局の窓口でもできますので、必ず申告期限までに納付してください。たとえ申告期限までに申告を済ませたとしても、税金を期限までに納めなかったときには、利息にあたる延滞税がかかってしまいます。

　相続税の納付は、金銭一括納付が原則ですが、財産課税の性格上、課された相続税を金銭納付することを困難とする事由が考えられることから、延納（金銭による分割納付）と物納（相続財産での納付）という特殊な納付方法が認められています。

　いずれの納付方法を選択するかは、相続人ごとに選択することが可能であり、金融資産を多く相続した相続人は金銭一括納付を行い、不動産のみを相続した相続人は延納・物納を申請することが可能です。近年の地価の値上がりや、国税庁の処理の厳格化にともない、相続税の延納・物納の申請件数・申請金額は低調に推移していますが、納税資金が不足する場合には有用な選択肢であり、制度の概要を把握しておくことは必要です。

7 延納制度を利用する

　相続税は、原則として一括して金銭で納付することになっていますが、相続税額が多額になること、相続財産が土地や建物など換金性の低い不動産であることが多いことを理由に、相続税の分割払い（延納）が認められています。

　しかし、いつでも延納が認められるわけではなく、次のすべての要件を満たす場合にのみ延納申請をすることができます。

① 相続税額が10万円を超えていること
② 金銭で納付することが困難な金額の範囲内であること
③ 延納申請書・担保提供関係書類を期限までに提出すること
④ 延納税額および利子税に相当する担保を提供すること（延納税額が100万円未満で延滞期間が3年以下の場合には不要）

　延納のできる期間と延納税額に係る利子税の割合は、その人の相続した財産に占める不動産等の価額の割合に応じて、次のように定められています。

【相続財産に占める不動産等の割合が75％以上】
① 不動産等に係る延納相続税額は、最高20年まで延納することが認められます。その際、延納税額にかかる利子税の割合は年率3.6％です。
② 不動産等以外に係る延納相続税額は、最高10年まで延納することが認められ、その利子税の割合は年率5.4％です。

【相続財産に占める不動産等の割合が50％以上75％未満】
① 不動産等に係る延納相続税額は、最高15年まで延納することが認められます。その際、延納税額にかかる利子税の割合は年率3.6％です。
② 不動産等以外に係る延納相続税額は、最高10年まで延納することが認められ、その利子税の割合は年率5.4％です。

【相続財産に占める不動産等の割合が50％未満】

① 不動産等に係る延納相続税額は、最高5年まで延納することが認められます。その際、延納税額にかかる利子税の割合は年率6.0％です。

8 物納制度を利用する

　延納によっても金銭での納付が困難な場合には、相続財産自体による物納が認められています。物納も延納と同様に限定的に認められた制度であり、次のすべての要件を満たす場合に、物納の申請をすることができます。

① 延納によっても金銭で納付することが困難な金額の範囲であること
② 物納申請財産が定められた種類の財産で申請順位によっていること
③ 管理処分不適格財産でないこと
④ 物納劣後財産に該当する場合には、他に適当な財産がないこと
⑤ 物納申請書・物納手続関連書類を期限までに提出すること

　また、物納の対象となる財産と優先順位が定められており、先順位の財産から物納に充てる必要があります。なお、物納できる財産は相続によって取得した財産に限られており、相続以前から自分で持っていた財産は物納することができません。

　第1順位：国債、地方債、不動産、船舶
　第2順位：社債、株式、証券投資信託、貸付信託の受益証券
　第3順位：動産

　第2順位、第3順位の財産は、先順位の財産に適当なものがない場合に限り、物納が認められます。

コラム **物納が認められない相続財産**

相続財産の種類によっては、物納が認められない場合があるため注意してください。

【物納が認められない財産（管理処分不適格財産）】

担保権の設定の登記がされていること、その他これに準ずる事情がある不動産
権利の帰属について争いがある不動産
境界が明らかでない土地
隣接する不動産の所有者、その他の者との争訟によらなければ通常の使用ができないと見込まれる不動産
他の土地に囲まれて公道に通じない土地で、民法第210条の規定による通行権の内容が明確でないもの
借地権の目的となっている土地で、その借地権を有する者が不明であること、その他これに類する事情があるもの
他の不動産（他の不動産の上に存する権利を含む。）と社会通念上一体として利用されている不動産若しくは利用されるべき不動産または二以上の者の共有に属する不動産
耐用年数（所得税法の規定に基づいて定められている耐用年数）を経過している建物（通常の使用ができるものを除く。）
敷金の返還に係る債務、その他の債務を国が負担することとなる不動産
その管理または処分を行うために要する費用の額が、その収納価額と比較して過大となると見込まれる不動産
公の秩序または善良の風俗を害するおそれのある目的に使用されている不動産、その他社会通念上適切でないと認められる目的に使用されている不動産
引渡しに際して通常必要とされる行為がされていない不動産
地上権、永小作権、賃借権、その他の使用および収益を目的とする権利が設定されている不動産で、暴力団員等がその権利を有しているもの

▼

物納が認められません

【他に適当な財産がないときに限り物納に充てることができる財産（物納劣後財産）】

地上権、永小作権若しくは耕作を目的とする賃借権、地役権または入会権が設定されている土地
法令の規定に違反して建築された建物およびその敷地
土地区画整理法による土地区画整理事業等の施行に係る土地につき、仮換地または一時利用地の指定がされていない土地（その指定後において、使用または収益をすることができない土地を含む。）
現に納税義務者の居住の用または事業の用に供されている建物およびその敷地（納税義務者がその建物および敷地について物納の許可を申請する場合を除く。）
劇場、工場、浴場、その他の維持または管理に特殊技能を要する建物およびこれらの敷地
建築基準法第43条第1項に規定する道路に2メートル以上接していない地
都市計画法の規定による都道府県知事の許可を受けなければならない開発行為をする場合において、その開発行為が開発許可の基準に適合しないときにおけるその開発行為に係る土地
都市計画法に規定する市街化区域以外の区域にある土地（宅地として造成することができるものを除く。）
農業振興地域の整備に関する法律の農業振興地域整備計画において、農用地区域として定められた区域内の土地
森林法の規定により保安林として指定された区域内の土地
法令の規定により建物の建築をすることができない土地（建物の建築をすることができる面積が著しく狭くなる土地を含む。）
過去に生じた事件または事故その他の事情により、正常な取引が行われないおそれがある不動産およびこれに隣接する不動産

▼

他に適当な財産がないときに限り物納に充てることができます

ステップ **7**

農協職員だから知っておくこと～農協職員に求められる役割～

農協の渉外担当者である村田さんは、いつものように、集金のために担当する組合員である鈴木さんのお宅を訪問しました。

鈴木さん：「もうすぐ親父の一周忌です。早いものですね。ただ、お袋にとっては長い１年だったみたいです。このあいだ、兄弟で『もう親父の一周忌なんだ、早いね』なんて会話をしたら、お袋は『お父さんがいなくなってから、ぜんぜん時間が進まない。何とか１年やってこれたって、いうのが実感』だなんて言っていたからね。」

村田さん：「当時は相続対策で同居をお奨めしましたが、結果的に、鈴木さんがお母さんの近くにいられるようになってよかったですね。」

鈴木さん：「ほんとにそうですね。でも、最近はお袋も元気になっているんですよ。実は、うちに２人目ができまして、、、」

村田さん：「そうですか、それはよかった。これでまた鈴木家もにぎやかになりますね。それなら、少しだけ共済の話をしてもいいですか？JAのこども共済は返戻率が高く、非常に評判もいいのでお奨めです。どうですか？」

鈴木さん：「もう遅いですよ。先日、他社の学資保険に決めちゃいました。」

村田さん：「えっ、そうなんですか、、、」

鈴木さん：「冗談ですよ。もちろん、JAのこども共済を考えていますよ。村田さんにはいつもお世話になっていますからね。信頼していますよ。ついでに生命共済の保障も見直そうかな。」

　相続相談対応を通して、鈴木さんの長男（次世代）との関係を構築したことで、世代交代がスムーズに進み、今では鈴木さんの長男が村田さんにとって重要な利用者になっています。
　今年もまた年の瀬が迫り、世間が慌しくなってきた頃、村田さんのもとに１本の電話が掛かってきました。

村田さん:「はい、村田です。」
佐藤さん:「村田さんですか、私、佐藤と申します。生前の鈴木さんと懇意にしていまして、村田さんのお話を何度も聞いておりました。今度、農地の相続について相談にのってもらえないでしょうか？」

1 高まる相続相談の重要性

　現在、全国の農協において正組合員・准組合員ともに構成割合の大部分を占めるのが60代以上の組合員であり、約8割は60代以上の組合員だという農協も少なくありません。これはそのまま利用者別貯金残高の構成比に影響しており、組合員の高齢化が進む農協では、貯金残高の約8割は60代以上の組合員および組合員家族による貯金残高になっています。

　このような状況を踏まえ、農協は次世代との関係構築のための取り組みを強化し、世代交代（相続）にともなう貯金の流出防止に取り組んでいます。しかし、現状では、各農協での取り組みは十分な成果を上げていません。全国の農協で支店長や次席にお話を伺うと、相続対策によって組合員の貯金流出を防止できていると回答する支店長や次席は、ほとんどいないというのが実態です。実際に、都市部のある農協では相続時の貯金流出率が80％を上回っています。さらに、この相続による貯金額の流出は、年々増加傾向にあり、この農協では今後10年間で数百億円、約20％の貯金額が流出するというシミュレーション結果もでています。

　これは、単に残高が減少しているということ以上に、農協の財務基盤に深刻な影響を与えていると考えています。農協の強みは、組合員の帰属意識と強固な人間関係によって、ほとんど競争に晒されることなく、残高を増加することができる点にあります。組合員にとっては、農協を利用することが当然であり、他の選択肢など頭にないという人も少なくありません。しかし、相続にともなう貯金額の流出は、組合員の農協に対する意識の変化と、これまでの農協の強みであった安定的な利用者基盤が、崩壊しつつあることに警鐘をならすものだと感じています。相続によって、農協とのつながりが希薄な相続人が貯金を相続した場合には、相続人にとっては、「農協だから」というだけで取引を継続する理由にはならないのです。

　現状では、まだまだ貯金残高を増加させている農協が全国において少なくありません。しかし、キャンペーンによる優遇金利によって、金利選択

嗜好の強い准組合員から定期性貯金を獲得する一方で、相続によって組合への帰属意識の高い高齢正組合員の高額貯金が、競合の金融機関に流出しているのが実態です。相続相談を中心にした次世代との関係構築に注力し、次世代の組合員に財産だけではなく、帰属意識と人間関係も継続してもらえるよう取り組むことが、農協職員の重要な課題になっています。

2 農協による相続相談の実態

　農協による相続相談の実態は、支店での相続対策セミナーや個別相談会の開催が中心であり、その内容も外部の専門家に丸投げになっており、農協職員が、組合員の相続に関する悩みを把握しているケースは多くありません。ここで問題になるのが、農協職員は外部の専門家を招集し、組合員が相続に関して相談できる機会を提供することが役割だ、と考えている点です。このような意識では、日常会話の中で組合員と相続に関して、話題にすることはありません。結果として、農協職員が組合員の相続の現場で何が起こっているのかを把握することができず、組合員の期待を先読みした行動ができません。本来であれば、可能な範囲で組合員の相続相談に立会い、農協職員も組合員と一緒になって悩み、考えることで、組合員から頼りにされる相談相手になっていくのです。
　また、税制改正にはじまる組合員の相続への関心の高まりに対して、農協職員が適時に満足いく情報を提供することができていないことも、組合員の農協離れを助長しています。農協職員へ相談することによって、疑問や不安が解消されない組合員は、競合の金融機関の開催するセミナーへ参加したり、競合の金融機関へ相談に行ったりします。それは、競合の金融機関にとっては顧客開拓のきっかけであり、農協の持つ強固な支持基盤に対して、競合の金融機関に付け入る隙を与えることになります。一旦、競合の金融機関に組合員へのアプローチ手段を与えてしまうと、その後は、高額貯金者を中心に競合の金融機関による手厚いフォローによって、競合の金融機関との取引を開始する組合員が出てきます。さらに、こうなってしまうと、農協の強みである組合員の横のつながりの強さは、逆に競合の金融機関の農協支持基盤への侵食を進めることになります。競合の金融機関との取引に満足した組合員が、自身の取引経験を他の組合員に対して口コミで広めることによって、農協の支持基盤を崩壊させていくのです。農協としては、競合の金融機関による農協の支持基盤への侵食を水際で食い

止めることが必要です。組合員が競合の金融機関を頼ることなく、農協職員を信頼し、一番に相談してくれるように日常のコミュニケーションを通して、信頼関係を構築しておくことが重要です。

3 農協職員の強みが発揮されていない

　相続に関する悩みは、ほとんどの組合員にとって一生のうちに数回経験するだけの稀少な経験です。被相続人としての悩みとなると、一生に一度しかない経験です。何をどう考えればいいのかもわからず、信頼できる誰かに相談したいと考えるのは当然です。本来、そのような組合員にとって最初に頭に浮かぶ相談相手が、農協職員であってほしいと思っています。なぜなら、組合員にとっては、稀少な経験である相続に関する悩みも、年間に数件の相談に対応している農協職員にとっては、経験済みの対策ということも少なくありません。このような知識と経験の差を背景に農協職員は、組合員にとって、安心して頼れる相談相手として認められていくのです。

　この組合員と農協職員との信頼関係は、農協職員に入ってくる組合員に関する情報量を増加させます。結果として、農協職員は競合の金融機関に先んじて、組合員にとって必要な提案を実施できるようになります。しかし、農協職員のなかに、自分が地域の中で一番に組合員を理解している、と自信を持って言える方はどのくらいいらっしゃるでしょうか。実際には、目先の事業推進に特化するあまり、組合員との関係が希薄になり、個々の組合員の事業をまたいだ農協との取引すべてを把握できていないことも少なくありません。そのため、農協職員から組合員に対して有益な提案を実施することができず、組合員からの相談を待っているというのが実態です。農協が組合員との関係を希薄化させている一方で、相続相談などをきっかけに組合員との関係構築を進めているのは、競合の信託銀行などです。実際に、信託銀行から遺言執行の書面が送られてきて、自身の支店から貯金が流出する手続きを進めさせられるという苦い経験をした、という支店長や次席の話を聞くことも少なくありません。

農協職員に期待される役割

　相続相談に対する組合員の関心・期待が高まるなか、農協による相続相談対応には次のような課題があると感じています。

① 農協職員の相続に関する知識が乏しい
② 農協職員の相続相談に対する意識が低い
③ 農協職員に相続相談に応じる自信がない

　このなかで特に気になっているのが、③農協職員に相続相談に応じる自信がないという点です。農協職員の多くは、相続相談の重要性は理解しているし、相続に関する知識も連合会等が主催する研修によって身につけています。それでも、相続相談にしり込みしてしまうというのが実態です。農協職員の方に話を聞くと、「農協職員として、どこまで対応するべきかがわからないので、気軽に相談にのることをためらってしまう」「基本的な話はできるが、専門的な話になってきたときに答える自信がない」など組合員の相続に関する悩みのすべてを自分で解決しなければならないと考え、それがプレッシャーになっているという姿が見えてきます。

　まずは、農協職員に期待されている役割を明確にすることで、農協職員が相続相談対応に対して、過度なプレッシャーを感じないようにしなければなりません。組合員へのアンケート調査でも、農協職員に期待されているのは、高度な税務知識を駆使して驚くような相続対策を提案することではなく、もっと基本的な相談対応です。つまり、「相続って何をどのような順番で進めなければいけないの？」とか「いつ、どのような相続対策をすることが効果的なの？」など、組合員の疑問に対する相談相手になることです。特に、相続対策の必要性については、組合員が気づいていないことも多く、農協職員が提案することによって、その必要性に気づいてもらうことが重要です。その結果、納税資金に困らないようにしたり、節税になったり、さらには家族が円満に相続手続きを完了することができるようになっ

たりすることで、組合員および組合員家族と農協職員との信頼関係ができてくるのです。その際、高度な専門性を要求される相談内容については、弁護士や税理士などの外部の専門家を紹介すればよいのです。決して、自分自身ですべてを解決しようとしてはいけません。農協職員は、組合員の相続に関する「コーディネーター」になればよいのです。

5 「相続相談コーディネーター」として組合員の不安を解消する

　相続相談コーディネーターとして、農協職員に求められているのは、税金や法律に関する専門知識ではありません。農協職員に必要なのは、組合員の事情を正しく理解し、組合員の抱える不安や疑問に対して一緒になって考える姿勢です。組合員の相続相談に対して農協職員に求められているのは、次のような意識と行動です。

① **組合員に対して地域で一番の理解者になる（情報を集める）**

　農協職員は、日常業務の中で組合員との接点を積極的につくり、組合員との会話を通して、相続対策に必要となる情報を収集しておくことが必要です。時には、組合員だけではなく相続人となる組合員家族と会話をし、家族としての相続に対する考えを理解しておかなければなりません。組合員の状況を正しく理解することが、相続相談コーディネーターとしての第一歩だと理解してください。

② **組合員の相続税額の概算を把握する**

　日々のコミュニケーションを通じて得られた組合員情報にもとづいて、相続税額の概算を把握できるようになることが必要です。組合員に相続税がどのくらい発生しそうかによって、提案すべき相続対策は異なってきます。農協職員が、相続税がどのくらい発生しそうかを大まかにでも把握できなければ、有効な相続対策を提案することはできません。

③ **組合員に関連する相続論点を抽出する**

　日々のコミュニケーションを通じて得られる組合員情報は、相続税額の概算を把握するとともに、組合員に関連しそうな相続論点を抽出することにも活用できます。組合員の財産の状況や家族の状況など、

組合員によって関連する相続論点は異なります。組合員とのコミュニケーションを図る際には、事前に組合員に関連する相続論点を抽出し、必要な相続対策を検討しておくことが必要です。

④ 組合員に対して相続対策の必要性を提案する

組合員に相続対策の必要性が発生した場合には、競合の金融機関に先んじて、相続対策の必要性を提案することが必要です。ただし、具体的な節税対策などの提案ではなく、何を検討する必要があるのかを、明確にしてあげることが農協職員の役割です。高度な専門知識を必要とする具体的な節税対策等は、必要に応じて外部の専門家を紹介します。

コラム **相続に関する専門家をコーディネートする**

　相続手続きは、複雑で高度な専門知識が必要となる場面が多くあります。また、税に関すること以外にも、遺言書の作成や不動産の相続登記など、幅広い知識が必要となります。農協職員に相続相談対応に踏み出すのを躊躇させているのが、まさに、この相続相談の専門性・複雑性にあります。

　しかし、農協職員が自らそのすべてを解決する必要はありません。農協職員に期待されているのは、組合員の悩みを解消するために必要となる専門家をコーディネートすることです。普段から様々な業界の人たちと接する機会をつくり、信頼できる専門家を自らの人脈として持っておくことが、農協職員の武器になります。相続には多様な分野の問題があり、単独の専門家で解決することがむずかしい場合もありますので、できれば他の専門家と連携し、相談をワンストップでコンサルティングしてくれる専門家を見つけておきましょう。

【税理士】
　相続税の申告が必要となる比較的遺産額の大きい相続に関しては、税制面に関して税理士が力になってくれるでしょう。税理士に相談することで、相続税申告・準確定申告、相続税申告用の財産評価、相続税の特例の相談など、組合員の税金に関する悩みが解決できるはずです。

【弁護士】
　相続によって家族間で争いになることを回避したい、もしくは、不幸にして家族間での争いが発生してしまった場合などには、弁護士が力になってくれるでしょう。弁護士は調停・裁判での代理人として、遺言書の作成支援とともに遺言執行人として組合員の相続を支援してくれます。

【司法書士】
　遺産に不動産がある相続の場合には、不動産を取得した相続人は、不動産に関する相続登記を申請しなければなりません。不動産の相続登記には多くの書類が必要であり、かつ、それぞれの書類の作成には一定の決まりがあります。不動産の権利関係や相続関係によっては、そのほかにも書類が必要となる場合もあり、煩雑な手続きが要求されます。そのような場合には、司法書士が力になってくれるでしょう。

【行政書士】
　相続税が発生せず、家族間での争いもない相続については、各種申請書類の作成に行政書士が力になってくれるでしょう。行政書士は、遺産分割協議書、遺留分減殺請求書、遺言書など、相続に関連する書類作成を支援してくれます。

6 農協職員に求められる「ニーズ発見力」

　相続相談コーディネーターとして農協職員に求められているのは、生前の相続相談対応です。これまでのような相続発生後の事務手続き支援が中心の相続相談対応では、相続人が農協へ相談に来た時点で相続に関する検討はすでに終了しており、これ以降で農協職員が相続に関して提案できることはほとんどありません。結果として、相続人による決定に従って事務手続きを円滑に進めることが、農協職員の最大の関心事になっています。しかし、組合員（被相続人）が農協職員に期待しているのは、相続発生後の手続き支援のみではなく、相続発生前の節税対策や争族対策に関する相談です。実際に、ある農協で農協職員に対する相続相談の内容を整理すると、最も多いのが「有効な節税対策はあるか」、「生前贈与の方法」、「養子縁組の利用」など節税に関する内容が最も多く、次いで、「特定の者に相続できるのか」、「○○は相続人となるのか」、「争族を防止する方法」など争族に関する内容が多くなっています。つまり、農協職員には、組合員の状況を正確に理解し、組合員が相続に関心を持つ前に農協職員から積極的にアプローチできるようにしなければなりません。

　農協職員による相続相談対応として、これまで実施してきたように相続発生後の名義変更を中心とした手続きを正確・迅速に実施し、相続人を支援することは今後も重要です。また、相続に関心を持ち始めた被相続人からの財産の組みかえや遺言に関する相談にのることで相続への悩みや不安を解消することも農協職員の重要な役割です。ここで注意が必要なのは、ここまでの相続相談対応は、相続人、被相続人から農協職員に対してアプローチがあり、相続相談対応が始まるという点です。その点で、この２つの相続相談対応は受身の相談対応といえます。今後、農協職員に期待されているのは、相続に関心のない組合員に対して、組合員が気づいていない相続対策の必要性を農協職員から提案することで、生前の相続対策に貢献することです。つまり、今後の農協職員に求められているのは、組合員の

相続対策の必要性に気づくことができる能力であり、組合員の相続対策に関する「ニーズ発見力」を高めていくことです。

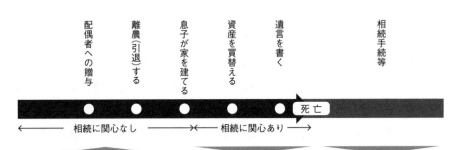

組合員のライフイベントと農協職員の対応姿勢

コラム 農協が死守すべき貯金残高

　相続による貯金額の流出を防止するといっても、すべての取引で100％流出防止を目指すことは現実的ではありません。被相続人の家族構成、相続人の職業や居住地などを勘案して、農協職員として必ず守るべき貯金残高を明確にし、守るべき貯金残高の維持率を高めることに注力すべきです。実際、相続人として配偶者、長男、長女がいると仮定して、配偶者は農家でメインバンクは農協、長男は両親と同居のサラリーマンでメインバンクはA銀行、長女は専業主婦として他県に転居しており、メインバンクはB信金のようなケースを考えてみます。

　このようなケースでは、長女が相続する貯金は、ほとんどの場合に長女のメインバンクであるB信金へと流出していくことになるでしょう。一方で、配偶者は過去から農協と取引があり相続発生後も農協との取引を継続してくれる可能性は十分にあります。このケースで一番のポイントは、両親と同居している長男の相続財産をいかに農協から流出させないか、ということにあります。サラリーマンである長男は、両親と同居しているものの農協との取引はなく、このまま放っておけば、長男の相続財産もA銀行に流出してしまう可能性が高いといえるでしょう。この相続財産を農協から絶対に流出させないことが、農協にとっての相続対策です。しかし、残念ながら、多くの農協では、管内に居住している相続人の相続財産すらも維持できていないのが現状であり、組合員の相続発生とともに、農協との関係を解消してしまう相続人が少なくありません。

　農協にとって次世代との関係強化は、何年も前から掲げられている課題ですが、各農協の取り組みはまだまだ十分とはいえません。これまでは、組合員家族の農協口座のメイン化、組織活動への参加促進、共済加入などを通して、相続を有利に進めることを目指してきました。今後は、より深く組合員の相続対策に関与し、被相続人、相続人の2世代と相続対策を相談できる関係づくりが求められます。農協には、

長年培ってきた組合員との信頼関係があります。この信頼関係に加えて、次世代の相続人から信頼される専門性を身につければ、競合の金融機関に付け入る隙はありません。

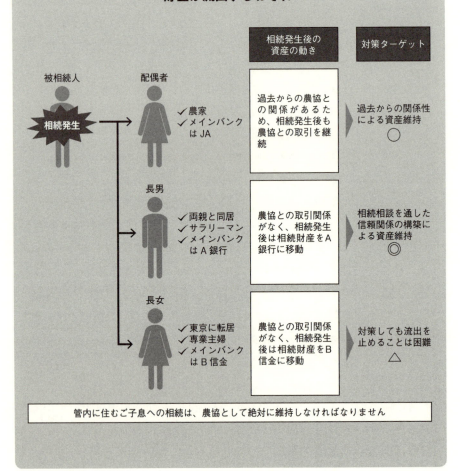

コラム　相続によって耕作放棄地が増加する？

　通常の不動産の売却は、不動産の引渡しと登記によって行いますが、その対象となる不動産が農地の場合には、農業委員会または都道府県知事の許可が必要となり、農業従事者でなければ、その許可を得ることはできません。

　これは農地法に定められており、農地を売却する際には、売主が申請手続きを実施しなければなりません。通常は、売買契約を締結してから申請をすることになると思いますので、申請が不許可になった場合には、その時点で売買契約が効力を失うことになると考えてください。このように農地の売買に対して制限を設けることによって、安易な農地の売却により農地が減少し、日本の農業が衰退することを防止しています。

　しかし、農地の所有者が死亡し、農地の相続が発生した場合には、通常の売却のような許可は必要なく、相続人が農業従事者でなくても農地を相続することができます。つまり、まったく耕作する意思がない相続人であっても農地を相続することを制限できません。その結果、非農家が所有する耕作放棄地が、増加しているのが現状です。これでは、農地法で農地の売却を制限し、農地が減少することを防止している意味がありません。

　農家の相続を考える際には、農地（農業）の継続という点を意識して、農地を他の相続財産と同様に、評価額だけで判断することがないように注意してください。

7 適切な相続相談対応の効果

 農協職員が相続相談に関する知識、意識、自信という3つの課題を克服し、相続に関する組合員の悩みや疑問を解決することで、次のような効果が期待できます。

① 相続人との信頼関係を構築できる

 組合員の相続に関する悩みを解消することで、組合員との関係を強固なものにすることができます。その際、農協職員だからこそ入手できる情報を活用し、適切な相続対策を提案することで、被相続人のみならず相続人(次世代)との信頼関係を構築できます。

② 組合員の資産の維持と地域農業の維持を両立できる

 組合員に対して、相続対策を提案することで、組合員の資産を守ることに貢献することができます。その際に、たとえば、土地(既存の農地)に賃貸住宅を建設し評価減することで、節税対策になりますという組合員にとっての短期的な損得ではなく、中長期的な視点で、組合員にとってメリットがあるのか、地域農業にとってどのような影響があるのかなど、より広い視野で相続相談に応じることで、組合員の資産維持と地域農業の維持の両立を実現することができます。

③ 相続に強い「農協ブランド」を構築できる

 農協職員が、組合員との信頼関係をもとに得られた組合員情報を活用して、適切な相続相談対応を継続することで、農協は相続に強いというブランドを形成することができます。

 今後、農協が地域から信頼され、必要とされる組織であり続けるためには、組合員にとって一番の相談相手であることが不可欠です。現在のように法

律が変わり、組合員にとって悩みや不安の多い時期だからこそ、農協職員への期待が高くなっています。ここで農協職員が組合員のためにどのように行動するのか、今、地域社会において農協職員の意識と行動が試されているといっても過言ではありません。

あとがき

　日本が超高齢化社会を迎えるなか、相続税および贈与税の税制改正（平成27年1月1日施行）を受け、相続税の課税対象者が増加することが予想されています。農協と取引のある組合員もその例外ではありません。農協職員は、組合員からの相続相談に応じ、組合員の財産を守るとともに、農地を維持し、地域農業を守ることがその使命です。本書が農協職員の相続相談対応力の強化の一助になれば幸いです。

　本書の執筆にあたり、愛知北農業協同組合の春日井寧専務をはじめ、大藪泉常務、小川隆史部長には『相続相談対応力強化に向けた研修』の開催を通じて、農協職員が直面している相続相談対応における課題を明らかにしていただきました。また、あいち知多農業協同組合の中北春彦専務、大岩康彦常務、伊藤勝弥部長には、限られた時間のなかで原稿に目を通していただき、経験豊富な立場から貴重なご意見を頂戴しました。この場を借りて、あらためてお礼申し上げます。

著者紹介

◆有限責任監査法人 トーマツ

　有限責任監査法人 トーマツは日本におけるデロイト トウシュ トーマツ リミテッド（英国の法令に基づく保証有限責任会社）のメンバーファームの一員であり、監査、マネジメントコンサルティング、株式公開支援、ファイナンシャルアドバイザリーサービス等を提供する日本で最大級の会計事務所のひとつです。国内約40都市に約3,200名の公認会計士を含む約5,500名の専門家を擁し、大規模多国籍企業や主要な日本企業をクライアントとしています。詳細は当法人Webサイト（www.deloitte.com/jp）をご覧ください。

◆有限責任監査法人 トーマツ JA支援室

　JAの持続的成長をサポートする専門部隊であるJA支援室は、全国に約100名の専門メンバーを配置し、全国・都道府県組織と連携して全国のJAグループに対して、地域性、事業特性を踏まえた、資産査定や事務リスク、内部監査といった内部管理態勢高度化支援、中期経営計画策定支援、組織と人材変革支援、地域農業振興計画の策定支援など総合コンサルティングサービスを提供しています。

◆デロイト トーマツ税理士法人

　デロイト トーマツ税理士法人は、有限責任監査法人 トーマツを中核とするデロイト トーマツ グループの一員として国内外の企業に税務サービスを提供しています。国内17都市に事務所を有する全国規模の税理士法人で、一人ひとりの卓越したプロフェッショナルがその連携により、高品質なサービスを提供する専門家集団を形成しています。また、全世界150を超える国・地域の約220,000名以上の人材から成るグローバルネットワークを有するデロイト トウシュ トーマツ リミテッド（英国の法令に基づく保証有限責任会社）のメンバーファームとして、世界水準の高品質なプロフェッショナルサービスを提供しています。詳細はデロイト トーマツ税理士法人Webサイト（www.deloitte.com/jp/tax-co）をご覧ください。

総合監修

◆井上　雅彦

　有限責任監査法人トーマツJA支援室室長。27年に亘り、大手上場企業の会計監査、IPO支援に従事。JAグループに対して、経営基盤強化（内部管理体制構築支援、内部監査強化、規制対応など）、経営高度化（中期経営計画策定支援、営農・農業振興計画策定支援など）に関する総合コンサルティングを幅広く実施するとともに、2013年より農業生産法人、農業分野への新規参入母体に対する戦略策定支援、管理体制構築支援、財務基盤強化サービスなど総合コンサルティングにも取り組む。

執筆者

◆水谷　成吾

　トーマツグループ入社後、JAグループを対象に、中期経営計画策定支援、営業戦略策定支援、人事制度設計・導入支援、組織と人材変革支援など多角的なコンサルティングサービスを提供。現在は、有限責任監査法人トーマツJA支援室にてJAの役員向け経営戦略策定研修、支店長向けマネジメント力強化研修、相続相談対応力強化研修など人材育成と組織活性化に従事。

◆髙橋　仁

　約9年に亘り、大手監査法人にて上場企業の会計監査、内部統制構築支援等のコンサルティング業務に従事。その後、不動産事業会社の経理・経営企画・事業推進業務を経験。現在は、有限責任監査法人トーマツJA支援室にてJAグループ向け中期経営計画策定支援業務、内部管理態勢構築支援業務、マネジメント力強化研修、相続相談対応力強化研修等に従事。

◆樋口　亮輔

　税理士法人トーマツ（現 デロイト トーマツ税理士法人）入社後、事業承継コンサルティング、資産税コンサルティング、組織再編税務コンサルティング、M&Aの税務支援業務等を中心に、税務申告関連業務や税務調査対応、JA向け等の各種セミナー講師等に従事。

◆森　一真

　税理士法人トーマツ（現 デロイト トーマツ税理士法人）入社後、主に上場会社、オーナー系企業に対する法人申告関連業務に従事。現在は、事業承継コンサルティング、資産税コンサルティングなどの相続税関連業務を中心に、税務申告関連業務、JA向けの相続相談対応力強化研修業務に従事。

相続相談ができる
農協職員になるための7つのステップ

2015年11月30日	第1版	第1刷発行
2016年 2月10日	第1版	第2刷発行
2016年 7月25日	第1版	第3刷発行

著 者　有限責任監査法人 トーマツ JA支援室
　　　　デロイト トーマツ税理士法人

発行者　尾中隆夫

発行所　全国共同出版株式会社
　　　　〒161-0011 東京都新宿区若葉1-10-32
　　　　TEL. 03-3359-4811　FAX. 03-3358-6174

印刷・製本　株式会社アレックス

Ⓒ 2016. For information, contact Deloitte Touche Tohmatsu LLC, Deloitte Tohmatsu Tax Co.
定価はカバーに表示してあります。
Printed in japan